JN272758

酸と塩基30講

3 やさしい化学30講シリーズ

山崎 昶 [著]

朝倉書店

はじめに：感覚的な区分

　ほとんどの方々は，すでに小学校の時代から「酸」と「アルカリ」というものについていろいろと教わってこられたと思います．小学校ではまさに五感を駆使した分類法による次のような定義がなされていたはずです．
　「酸とは，舐めると酸っぱくて，青色リトマス試験紙を赤色に変色させるもの」
　「アルカリとは，手につけるとヌルヌルして，赤色リトマス試験紙を青色に変色させるもの」
　これは，みなさまの感覚的な区分として，互いに独立な観察結果に基づいて巧みに整理されてはいるのです．典型的な酸とアルカリであれば，まさにこのような判断だけできちんと区別・特定ができます．ですから最初の段階の分類として実によくできています．典型的な酸とアルカリの例として，塩酸と苛性ソーダ（漢字制限のおかげで「カセイソーダ」になっていたと思いますが）の水溶液を混ぜると，両方の性質が失われ，うまくいけば食塩の水溶液ができるはずです．これが「中和」です．
　が，われわれの生活している人間社会の環境が広くなってくると，これだけではうまく判断・区別ができないけれど，上の定義での酸とアルカリと同じような性質を示すことが判明したものが増えてきました．そのために，上の「アルカリ」よりも少し広い定義として「塩基（base）」という言葉を使うことの方が多くなったのです．つまり，食塩以外でも酸と塩基を反応させてできるもの一切を「塩」と総称することになると，そのもと（基）となるものという意味なのです．
　その後も研究に使える手法やエネルギーの大きさなどいろいろと変化が起きて，いくつもの定義が並行して使われるようになり，世間一般におけるこのあたりの情報は極めて豊かになりました．ところが，このあたりの発展の筋道や言葉の由来，意味の変遷などを教師方がきちんと説明して下さらないままにどんどん先に進んでしまうので，教わる方にしてみるとどうしても消化不良気味となってしまいがちなのです．その結果でもありましょうが，このあたりを悪用したわけのわ

からない TV コマーシャルやダイレクトメールなどが飛び交う結果となり，またそれに惑わされる世人を増やしているようにも思えます．また，化学に直接・間接に関連する分野以外にも，手軽であるせいかこれらの言葉を転用されることもありまして，その転用の時点（かなり昔）の頃のことがわかっていないと，どうみてもヘンではないかと思われるような使い方すらされているのです．そのためにマスコミなどが奇妙奇天烈な解説記事を書いたりすることも稀ではありませんし，いわゆる「トンデモ科学者」たちが長広舌を揮う原因ともなるのです．

　この本では，なるべく身近な事柄を取り上げながら，かなり複雑怪奇を極めている「酸・塩基」の使われ方についての解説をまとめてみましょう．予想外な場所での使用例とか，分野によっては区分の基準が違っていたりして，案外大きく誤解されていることも少なくありませんが，大元を辿れば，どこまでが正統的で，あとはその発展形（時には誤りを含むこともありますが）であるかがわかるので，個々の事物についての暗記事項（ほとんどが応用が利きません）を増やすよりもプラスとなることが多いかと存じます．

　このような言葉の使われ方やその意味の変遷などは，時間軸を追っての自然科学の進歩を物語っているのですが，受験界が「文科系」と「理科系」などという奇妙な分類を何十年か前からやり出したためか，化学を教えられる先生方は総じて「歴史」というと逃げ腰になる傾向が大きいのです．ただこの「歴史嫌い」は受験時代のやたらに年次を覚えさせられるような教育だけを意味しているようです．本来の物事の由来というのは，読者の方々もそれほど気にせずに調べたり口にしたりしているもので，つまり時間軸における「前後関係」が大きな価値を持っているということにほかなりません．

　このあたりが大きく抜けているのを考慮されず，いきなり最近の厳密で鹿爪らしい定義や用語だけをお教えになる先生方の割合が増加した結果，「化学なんて暗記ばかりでつまらない．もうやることなんて残ってないんでしょ」と口にされる学生さんが増えてきました．つまりこれは，どこかのお国が「切り花文化」と酷評されているのと同様で，深い根からの筋が通っていないと，単なる暗記事項になって応用が一切利かなくなっていることなのです．たとえ細かくとも，しっかりした基礎からの筋道が知識の裏付けとなっていれば，かなり突拍子もない事態になってもかなりのところまで対処可能なのです．もちろんすぐには難しいでし

ょうが，この本が多少ともその一助となるならば幸いです．

　2014 年 2 月　八王子にて

山 崎　　昶

目　　次

第1講　酸素，水素の発見とそれまでの混沌の整理 …… 1
　　　　Tea Time：酸性試験比率(acid test ratio；quick ratio)　5
　　　　　　　　　アシッド（Acid）テスト　6
第2講　現実の分野での使用例 ……………………… 7
　　　　Tea Time：温泉排水と環境対策…大規模な中和反応　10
第3講　酸性食品とアルカリ性食品 ………………… 12
　　　　Tea Time：本当のアルカリ性食品　14
　　　　　　　　　有料トイレの元祖　14
第4講　酸性岩と塩基性岩 …………………………… 16
　　　　Tea Time：岩石の名称　18
第5講　酸性白土とアルカリ白土 …………………… 20
　　　　Tea Time：温泉の酸性・アルカリ性の分類　21
第6講　酸素酸と水素酸…新たな混乱 ……………… 24
　　　　Tea Time：実際に利用される酸味料　26
第7講　苛性アルカリと緩性アルカリ ……………… 29
　　　　Tea Time：「灰も商品に」　32
第8講　「アルカリ」のもっと広い意味の用法 ……… 34
　　　　Tea Time：味覚の中での酸とアルカリ　36
第9講　ルブラン法とソルヴェイ法 ………………… 38
　　　　Tea Time：赤道直下のアルカリ性塩湖　43
第10講　電解質理論による整理 ……………………… 45
　　　　Tea Time：カールスベリ研究所　48
第11講　アレニウスの酸・塩基の定義 ……………… 49
　　　　Tea Time：梘水　51
第12講　酸性紙問題と加水分解 ……………………… 53

　　　　　　　　　　Tea Time：ハンニバルの岩石破壊　*56*

第13講　ブレンステッド–ローリーの酸と塩基 ………… *57*
　　　　　　　　　　Tea Time：ソーダの上に酢を　*62*

第14講　溶存化学種と水素イオン濃度の関連 ………… *63*
　　　　　　　　　　Tea Time：食品の「あく」や「渋」の除去　*64*

第15講　緩衝溶液と緩衝容量 ……………………………… *66*
　　　　　　　　　　Tea Time：酸性アミノ酸と塩基性アミノ酸，酸性蛋白
　　　　　　　　　　　　　　　質と塩基性蛋白質　*69*

第16講　フロートのダイアグラム ………………………… *71*
　　　　　　　　　　Tea Time：調理における酸とアルカリ　*73*

第17講　酸の強さの尺度，酸の強度と酸の濃度 ……… *75*
　　　　　　　　　　Tea Time：アルカリによる人体の処理　*77*

第18講　ハメットの酸度関数 ……………………………… *80*
　　　　　　　　　　Tea Time：銅版画と強水　*82*

第19講　超　強　酸 ………………………………………… *85*
　　　　　　　　　　Tea Time：強リン酸　*88*

第20講　非水溶液系における酸と塩基 …………………… *89*
　　　　　　　　　　Tea Time：危険なはずの酸の溶液の調製法　*90*

第21講　キャディ–エルゼイの酸・塩基など ………… *92*
　　　　　　　　　　Tea Time：真っ白な嘘　*96*

第22講　固体の酸と固体の塩基 …………………………… *97*
　　　　　　　　　　Tea Time：「ボラウォッシュ」　*99*

第23講　ルイスの酸・塩基の定義 ……………………… *100*
　　　　　　　　　　Tea Time：ソーダの産地と恐竜の化石　*102*

第24講　アダクト形成・錯形成 ………………………… *103*
　　　　　　　　　　Tea Time：下水管清掃剤　*105*

第25講　相乗効果（シナジズム）………………………… *107*
　　　　　　　　　　Tea Time：酸性染色と塩基性染色（ヘマトキシリン・
　　　　　　　　　　　　　　　エオシン染色）　*109*

第26講　NMRシフト試薬 ………………………………… *111*

　　　　　　Tea Time：『倭人傳』の調味料　*113*
第 27 講　ドナー数とアクセプター数 …………… 115
　　　　　　Tea Time：炭素サイクル　*117*
第 28 講　ドナー数の予測・推定 ………………… 118
　　　　　　Tea Time：金星の大気　*119*
第 29 講　HSAB 理論 ……………………………… 121
　　　　　　Tea Time：クワズイモとシュウ酸　*124*
第 30 講　HSAB 理論の定量化 …………………… 126
　　　　　　Tea Time：HSAB 理論と鉱物の圧縮率　*129*
付録　簡単な NMR の説明 ………………………… 131
索引 …………………………………………………… 137

第1講

酸素，水素の発見とそれまでの混沌の整理

　「酸」や「アルカリ」はずっと以前からかなりの種類のものが知られていたのですが，今日の概念に近く整理することが可能となったのは，やはりフランスのラヴォアジェ（A. L. Lavoisier, 1743-1794）によって「燃焼」現象が解明されてからのことです．つまり「酸化と還元」の解明のスピルオーヴァー（おこぼれ）だといえないこともありません．

　ラヴォアジェは空気中で，水銀を加熱して赤色の「水銀灰」（酸化第二水銀，HgO，現代の教科書流なら酸化水銀(II)となるはずです）を得て，これを集めてもっと高温で分解させてユニークな性質を持つ新しい気体を得ました．これはそれより以前にイギリスのプリーストリー（J. Priestley, 1733-1804）が酸素を発見・単離した実験手法と同じだったのですが，プリーストリーはまだ新しい種類の気体だと思っていて，新元素だとは認めていなかったのです．ラヴォアジェはこの気体が炭素やリンや硫黄など当時もよく知られていた元素単体と化合して，水に溶けると例外なく酸性を示すことから，この新しい気体こそ「酸の源」となる元素だと考えて，ギリシャ語をもとに「oxygéne」という名称を与えたのです．

　日本語での元素名の「酸素」は，江戸時代の末頃に活躍した蘭方医（津山藩の御典医でした）の宇田川榕庵（1798-1846）が，気体の溶解度で今日でも有名なイギリスのヘンリー（W. Henry, 1774-1836）の著書の蘭訳本（1812年刊．実はこれは直訳ではなく，一旦ドイツ語に訳されたものの重訳だったのですが）をもとに永年苦心して翻訳したとき，いろいろな術語をきちんと意味をとって翻訳してくれた結果なのです．ドイツ語とその昔のオランダ語はよく似ていた（いまでも注意して聴くとおたがいに何とか理解できる程度の差です）ので，独訳者の苦労を巧みにくみとったといえるかも知れません．つまり言葉としては

oxygéne → oxygen → Sauerstoff → zuurstof → 酸素
フランス語　　英語　　　ドイツ語　　オランダ語　日本語

のように訳されてきたのです．ドイツ語でもオランダ語でもラヴォアジェが名づけた通りの「酸の素」を意味する言葉なのです（昨今のマスコミや映画産業ならば，タイトルなどをそのままカタカナの羅列にしてしまうところですが，江戸時代の大学者が苦心の結果，字面だけで内容がわかるようにときちんと意味をくみとって訳してくれた先見性には，現代のわれわれはもっと感謝してよろしいかと存じるのです）．

　ところで，現代の韓国（北朝鮮も）では，漢字を全廃してしまいました．そのためにせっかく意味のある言葉も丸暗記の対象でしかありません．漢字全廃直後に彼の地で教育を受けたという拓殖大学教授の呉善花先生が，上智大学名誉教授の渡部昇一先生との対談で嘆いておいででしたが，「酸素」，「水素」なども，単なるハングルの文字列の「산소（サンソ）」，「수소（スソ）」としての受験用の暗記事項になっていて，日本語を習って初めてきちんとした深い意味があったのだと改めて会得できたという，何とも勿体ないシステムが強行されているようです．

現在使われているいろいろな定義・分類

　現在のマスコミや教育界などでは，この「酸性」と「アルカリ性（塩基性）」という言葉がいささか無批判に乱用されている気味があります．そのために善男善女各位が当惑させられたり，あるいは間違った理解を強制されたりすることも稀ではありません．中には百数十年昔のままの時代遅れの定義を神格化して，現代の使われ方とは相容れない用法を押しつける向きすらあるのです．もちろんこのような用法だって，制定された当時は十分な合理性があったわけなのですが，時代が進展しても，それぞれの専門分野で「定義」となったものはなかなか改訂することが難しくなりますし，時には厳しい法律条文に記載されてしまうと，罰則を伴う変な強制力を持ってしまいます．また，それぞれの領域での慣用の力というのは存外に大きいので，異なる分野での使われ方が食い違ってしまっている例も決して少なくはないのです．

　微少な水素イオンの濃度の精密測定が可能になったのは19世紀末から20世紀の最初のことです．もちろんその前にドイツのネルンスト（W. H. Nernst, 1864-

1941）によって，電気化学的手法の利用によって水溶液中のイオンの濃度を測定するための理論は構築されていたのですが，実際に水中の水素イオン濃度などを精密に測定するためにはいろいろな問題が山積していました．水素イオン濃度の測定には当然ながら水素電極を使っていたのですが，これは大変に取り扱いが厄介なもので，現在ではほんとうに精密な測定が要求されるとき以外はまずお目にかかることもありません．

1900年頃に，極めて純粋な水を蒸留法によって調製することが試みられました．二酸化炭素のような溶存気体や容器の壁面から溶出する不純物をできるだけ抑えて注意深く調製した水について，電気伝導度の測定が行われた結果，この中には常温において 1.0×10^{-7} mol/L の水素イオン（水和してオキソニウムイオンの形となっている）と，これと等しい濃度の水酸化物イオンが存在していることが判明したのです．これはコールラウシュ（F. Kohlrausch, 1840-1910）が初めて試み，あとにも何人かの大物理化学者によって確認されました．

水素イオンが酸の作用の本体であることがわかってくると，この濃度を表現するための便利な尺度が必要となります．この重要性が最初に認識されたのは醸造学の分野でありました．ビール酵母の生育条件をコントロールするには，実際にこれは大問題であったのです．

デンマークにある大ビール会社のカールスベリ社の設立した醸造学研究所の所長であったセーレンセン（S. P. L. Sørensen, 1868-1939）が，この際に培養液中の無機酸の濃度の余対数（対数の符号を変えたもの）を目安とすることで，再現性よく培養条件を設定できることを見出し，この「酸濃度の余対数」を「pH」という略記号で表すことを提唱しました（1909）．つまり，pH $= -\log[\mathrm{H}^+]$ としたのです．最初は無機酸（強酸）の分析濃度だったのですが，のちに水素イオン濃度を指すようになり，やがて熱力学の進歩に伴って「水素イオンの活量濃度（熱力学的濃度）の余対数」ということに改められました．ただ，諸兄姉が普通に扱っているpHの範囲（1〜14）では，熱力学的濃度と分析濃度の違いはずいぶん小さいので，特別に厳密な理論的取り扱いを必要とする場合以外なら，昔風の使い方で十分なのです．

このような低濃度の場合，肩付きの小さい数字を使うよりも，対数尺度を使って表現する方が実用上はずっと便利なので，たちまちに世界中に普及したのです．

なお「pH」の読みは，最初の論文がドイツ語で書かれたものだったし，わが国の醸造学や医学の用語もドイツ由来のものが大部分でしたから，ドイツ語風に「ペーハー」と読み慣わしています．現在の日本工業規格（JIS）では読み方を「ピーエッチ」に定めているのですが，受験界以外の現場（医療や看護，醸造，化学工業など）では，相変わらず昔風の読みでないと通用しないのです．

水素イオン濃度の測定には，十分な濃度がある場合には容量分析の手法が使えますが，通常はこれより桁外れに小さいために，電気化学的手法が採用されています．最初は大物理化学者のネルンストの考案した水素電極がもっぱら使用されていましたが，やがてハーバー（窒素固定法のハーバーです．F. Haber, 1868-1934）の考案（1909）によるガラス電極が，かなり広い濃度範囲で水素電極とほとんど同様な濃度-電位レスポンスを与えることがわかり，以後はもっぱらこちらになりました．最初の頃のガラス電極はサイズの大きなものでしたが，改良が進んでどんどん小型化され，現在ではマッチ棒大のもの（この小さいガラス電極は，胃カメラに組み込んで胃液のpHを測定したりするのに使われています）がつくられています．もちろん精密なデータが要求される場合にはいまでも水素電極（昔のものに比べるとずっとコンパクトにはなりましたが）が相変わらず使用されています．ただ，ガラス電極はあくまで水素電極の代替品なので，使用に際してはきちんとした標準溶液を使って電位計の示度を較正する必要があるのです．もちろんもっと大まかでよい場合にはpH指示薬や試験紙を利用したり，アンチモンやキンヒドロンなどほかの電極を用いるケースもあります．容量分析などは指示薬の利用がむしろ普通なのですが，その選択ももとはといえばこのpHの変化の起こる領域と変色域がきちんと合致していなくては明瞭な結果が得られません．

そのほかにもさまざまあるのですが，分野によっては同じようにpHを基準にとってはいるものの，普通の標準的なpHが7よりも多少ずれたところが基準となって，これよりもpHが酸側に傾いているか，それともアルカリ側に傾いているかを示すための表現となっている例が少なくありません．たとえば医学分野などでは血液のpH（ほぼ7.35）を基準にして「酸性」と「アルカリ性」を区分しているようですし，気象学や環境方面では標準的な雨水（通常なら二酸化炭素が溶けているので5.8程度のpHになっています）より低pHのものを酸性，高いpHのものをアルカリ性と呼んだりします．なお，水溶液以外にまで話を拡張す

る場合にはアルカリ性という言葉よりも「塩基性」の方が普通に使われていますが，水溶液系を主対象としている生化学や臨床医学などの分野では逆で，昔から使われてきた「アルカリ性」を使用する方が普通になっていて，「塩基」はもっと限定された対象だけに使われるようになっています．

================ Tea Time ================

酸性試験比率（acid test ratio；quick ratio）

これは経済学の用語なのですが，流動負債に対する企業の直接的な支払能力を測定する財務比率であり，次の式で表される比です．別名を「quick ratio」ともいいます．

酸性試験比率＝（現金＋手持有価証券＋受取勘定）÷流動負債

手持有価証券や受取手形などは，売却や手形割引によって直ちに現金化できるものですから，健全な流動性の基準としては，この比率は100％以上となっていることが望まれるのです．あるいは，次の式で表すこともできます．

酸性試験比率＝（流動資産－棚卸資産）÷流動負債

企業の販売不振などの経営上の多くの問題は，在庫の増加となって現れます．通常の指標としてよく用いられる流動性比率の場合，在庫の増加は流動資産が増えたことになるので，流動性比率は好転したことになり，経営指針の尺度としては不適当なのです．しかも，在庫は運転資本の供給源であるとともに，それが現金として回収されるまでは運転資本の最大の需要源をなすわけで，在庫の増加は資金不足を生じる最大の原因となりますから，この酸性試験比率こそ真の（厳密な意味での）流動性比率といえるのです．

ここで「酸性」という言葉が使われているのは，これはその昔，コイン（金貨）の純度のチェックに硝酸が用いられたことの名残なのだそうです．卑金属（偽金）ならば硝酸で溶けてしまいますが，純金なら溶解しません．金本位制が廃止になり，また試金法もずっと進歩したのですが，一語一訳主義の時代に翻訳された言葉だけが残って「厳密な検査」とか「厳しいチェック」を意味するものとして使用されているのです．現在では金貨自体が美術・骨董品扱いになってしまっていますから，硝酸による試金法など，ベテランの銀行マンでもご存じないでしょう．

洋の東西を問わず，物理学者の中にはよく「ニュートンは後年堕落して錬金術ばかりにエネルギーを費やし…」などという文章を記しているのを目にすることがあります．これはまさに「物理学ショーヴィニズム（偏狭な至上主義）」のなせる業なのですが，ニュートンは造幣局長官になって，偽造貨幣対策に莫大な努力をしたのです（彼の時代

には,「錬金術」と「化学」とはまだ明確に区別されていませんでした).その結果として英貨のポンドは,長年月にわたって世界一信用のおける通貨となりました.第二次大戦後の固定相場制の頃は1ポンドが864円でした.当時の1ドルは360円だったのです(主要通貨で円と同じほどの換算レートを保持しているのはスイスフランだけです).

興味をお持ちの方は,最近翻訳の出た『ニュートンと贋金づくり』(トマス・レヴェンソン著,寺西のぶ子訳,白揚社)などをご覧下さい.

アシッド(Acid)テスト

同じように「酸による試験」を意味する「アシッドテスト」と呼ばれる試験法があります.これはウェブページの再現性の忠実度を測るための試験で,いまの会計用語の転用として「厳しいテスト」の意味で用いられているようです.最初のAcid1は1998年にトッド・ファーマー(Todd Fahmer)によって開発されたもので,現在ではWeb Standards Projectが運営,開発しています.その後新しい規格に応じた新ヴァージョンのAcid2(2005),さらにはAcid3(2008)が開発されました.

第2講

現実の分野での使用例

　現在，いろいろなところで目にする「酸性」とか「塩基性（アルカリ性）」に関した用語には次のようなものがあげられます．この中には対になっているものと片方だけの使用例だけのものがありますが，区分の基準をもとに分類してみることにします．

　「酸性」の対となる言葉は本来なら「塩基性」のはずなのですが，もっと以前から使われてきた分類で，しかも水溶液の系をおもに扱う領域では「アルカリ性」の方が相変わらず使われています．こちらの方が狭い意味なので，塩基性の中にはアルカリ性は含まれますが，逆は必ずしも成り立ちません．

● **水溶液の pH＝7 を基準とするもの**（これなら現代の受験化学での定義がそのまま使える領域です．）

酸性	塩基性（アルカリ性）
酸性浴（メッキなど）	塩基性浴（アルカリ性浴）
酸性色	塩基性色
酸性現像液	
酸性（硬膜）定着液	

● **pH＝7 よりも多少ずれたところを基準として定めているもの，あるいは「中性」に多少の幅を持たせているもの**

酸性指示薬	塩基性指示薬
酸性ラテックス	
酸性化粧水	アルカリ性化粧水
酸性血症（アシドーシス）	アルカリ性血症（アルカローシス）

酸性雨
酸性栄養湖   アルカリ栄養湖
酸性降水
酸性紙
酸性サイズ（紙など）
酸性泉   アルカリ性泉
酸性土壌   アルカリ性土壌
酸性白土*   アルカリ白土，アルカリ黒土*
　　　　　　　[*これは対になる概念ではない]
酸性媒染染料   アルカリ媒染染料
酸性ホスファターゼ   アルカリホスファターゼ
酸度（アルカリ消費量）   アルカリ度（酸消費量）
酸（性）融解   塩基（性）融解（アルカリ融解，炭酸塩融解）

● ブレンステッドの酸・塩基分類に従ったもの，すなわち化合物の官能基に注目したもの
酸性塩   塩基性塩
酸性酸化物   塩基性酸化物
酸性石鹸
酸性アミノ酸   塩基性アミノ酸
酸性蛋白質   塩基性蛋白質
酸性多糖質
酸性度（pH）   アルカリ度（塩基度）
酸性度（pK_A）

● 官能基によるもの（化合物全体の性質由来）
酸性エステル
酸性染料   塩基性染料
酸性アミノ酸   塩基性アミノ酸

● 酸性/アルカリ性それぞれの条件を指向するもの
　　酸好性　　　　　　　　塩基好性
　　好酸菌　　　　　　　　好アルカリ菌
　　好酸性（血球）　　　　好塩基性（血球）
　　好酸性（植物）　　　　好塩基性（植物）
　　好酸性（細胞染色）　　好塩基性（細胞染色）
　　　　　　　［Tea Time「酸性染色と塩基性染色」参照］

● ケイ酸やアルミナ分の多少，あるいは石灰（酸化カルシウム）やアルカリ金属元素酸化物の含有量による分類
　　酸性岩　　　　　　　　塩基性岩（基性岩）
　　酸性酸素製鋼法　　　　塩基性酸素製鋼法
　　酸性スラグ　　　　　　塩基性スラグ
　　酸性耐火物　　　　　　塩基性耐火物
　　酸性転炉法（製鋼法）　塩基性転炉法
　　酸性平炉法（製鋼法）　塩基性平炉法
　　酸性肥料　　　　　　　アルカリ性肥料

● 陽イオンの意味で「塩基」を使っているもの
　　塩基度（酸）
　　塩基度（スラグ）
　　塩基度（皮革工業）
　　塩基飽和度（土壌）
　　酸塩基抽出

● 根拠の怪しいもの（昔風の用法のままのもの）
　　酸性食品　　　　　　　アルカリ性食品
　　酸性試験比率（経済学）
　　アシッドテスト　Acid1, Acid2, Acid3（ソフトウェア）
ここに掲げたもののうち，比較的身近で目にするものについては以下に簡単に

触れておきましょう（それほど頻繁に目にしないものは「Tea Time」の方でいくつか取り上げました）．

= Tea Time =

温泉排水と環境対策…大規模な中和反応

現在の「排水基準」は，政令の施行時にすでに湧出している温泉に対しては適用されていません．もともと自然界にあった湧泉なのですから，当然といえば当然なのですが，それでも各地にある酸性度の高い温泉からの水は，農作物，特に水田利用の稲作に悪影響を及ぼす「毒水」として，いろいろと対策が行われてきました．もちろん湧出量がそれほど多くなければ，ほかの支流からの河川水での希釈だけで十分無害化できるのですが，豊かな湧出量を誇る源泉があると，やはり何らかの対策が必要となるのです．

中でも比較的古くからこの中和対策が行われてきたのは，群馬県の草津温泉と秋田県の渋黒温泉（現在の玉川温泉）です．このどちらも強酸性の湧泉として有名で，下流に対する影響も大きいものでした．草津温泉（源泉のpH≒1.4）は下流の湯川に放出してすぐのところで水素イオン濃度を常時観測していて，ある値以下になると大量の石灰石を投入して中和させ，pHを上げる操作を行っています．もちろん強酸性の温泉水に溶けていた成分の一部は沈殿するので，懸濁した河川水は下流の品木ダム（上州湯ノ湖）に集められ，上澄みだけが下流の吾妻川に流出するようになっています．

秋田県の玉川温泉は，やはり強酸性（pH≒1.2）の高熱の湧泉なのですが，以前は渋黒温泉と呼ばれていました．源泉は98℃ほど（この標高での水の沸点）で，硫酸分をかなり含んでいました．これを旅館の浴槽へ導く樋は，以前は木製だったので半年もするとボロボロになるほどだったといわれます．塩化ビニルのパイプが使えるようになってようやく長持ちするようになり，保守が格段に楽になったと，現地に伺った折に教わったものです．地熱を利用した「岩盤浴」もここで始まったのだそうです．

ここの湧泉からは，放射能成分を含む「北投石」という珍しい鉱物が析出することでも知られています．これは硫酸バリウムと硫酸鉛の混晶で，台湾の北投温泉（台北市のすぐ北にあり現在でも有名な観光地です）で最初に見つかったのでこの名があります．北投温泉は海岸近くなので，さして問題にはならなかったようですが，こちらの排水は「玉川毒水」とまで呼ばれ，しかも秋田の穀倉地帯を流れる雄物川の大きな支流でもありますから大問題となりました．最初は希釈による無害化が試みられ，玉川から田沢湖へと導水管を引いて希釈させようとしましたが，なにしろ量が多いので，田沢湖の湖水のpHも低下し，そのために有名な「クニマス」（「さかなクン」が西湖で再発見してニュー

スになりました)が絶滅してしまいました．いまでは温泉のすぐ下流に中和施設をつくって，何とか対処しています．

第3講

酸性食品とアルカリ性食品

　生物の代謝が，燃焼と同じように物質の酸化反応とみなせるということもラヴォアジェの卓見でありました．ですが，一知半解の大先生（というのは失礼かも知れませんが，物事を極端に単純化したモデルを取り上げ，これでたまたまうまく説明ができると，周辺のあらゆる分野に押しつける傾向をお持ちの方々）というものは，洋の東西を問わずいつどこにでもおいでなので，このラヴォアジェの理論を拡大曲解して，それならば食品そのものを燃やしたあとに残る灰分の水溶液の水素イオン濃度次第で，体液にさまざまな影響が及び，健康状態を左右することになるだろうと考えた大権威が多数居られたのです．

　その中でも有名だったのが，スイスはバーゼル大学のブンゲ（G. B. von Bunge, 1844-1920）で，1890年頃に発表された彼の理論によると，肉類を食べるとその中に含まれている含硫アミノ酸（シスチンやメチオニンなど）が酸化を受けて硫酸に変化し，これが血液などを酸性にするから，アルカリ性のミネラル分を補給して身体を中性に保たなくてはならないとマジメに主張されたのです．

　これは体液に備わっている緩衝作用（あとで詳しく触れます）をまったく無視している非科学的な話で，わが国でも『水は何にも知らないよ』などの名著を書かれた法政大学教授の左巻健男先生をはじめとする化学や生化学の専門家からは真っ向から否定されているのですが，それでも「これらの否定説は科学的方法に則っていない」と主張されるいわゆる（エセ）健康科学者や栄養学者が多く，おどろいたことに管理栄養士の国家試験受験用のテキストにも相変わらず麗々しく記されているし，日本語版のウィキペディアにも同じようなインチキな文章が載っていたということです．たぶんこのような大先生方にとっては，自分の主張だけが正しくて，ほかの真っ当な科学的方法は邪宗扱いにされているのでしょう．現在のマスコミやそのほかの方面で，根拠薄弱なのに過激な主張を繰り返してい

る，一部の反原発論者や「放射脳」族と同類の主張でしかありません．

この種の大権威が依存している食品の酸性度とかアルカリ性度というのは，「陶製のキャセロールを用いて食品の100gを灰化し，残存した灰分を水に懸濁させて，酸性ならば1規定の苛性ソーダ，塩基性ならば1規定の塩酸で滴定して求める」という何とも大時代な取り決めになっています．さすがに現在ではこんな手間ひまばかりかかって不正確な方法で求めることは行われていないようで，どこかの栄養学の大権威が，食品成分表などをもとに算出している，ある意味では根拠薄弱な数値でしかありません．まあ時代遅れの大権威の気休めにはなっているのかも知れませんが．

ただ，血液と違って尿には電解質があまり溶けていませんので，緩衝能力がずっと弱い（緩衝容量がずっと小さい）のです．これは時と場合（特に臨床医学の方面など）次第では極めて大事なのですが，どうもこの栄養学の先生方にとっては考慮の外らしいといわれています（さる臨床化学の厳しい先生は「『恍惚化』が若いウチから進行しているのだ」と苦言を呈されました）．でも，現実には食品の種類の変化によって尿のpHはかなり大幅に動きます．

ただしこのときのpHを変化させるのは，ブンゲ大先生の主張されたような硫酸分ではなく，炭酸水素イオン（HCO_3^-）です．尿管結石症の患者さんに対して処方される薬剤の多くはクエン酸の製剤ですが，これは人体内で代謝されると多量の炭酸水素イオンに変わるので，尿のpHは大きく上昇して，尿管結石の主成分である尿酸の結晶を可溶性の形（解離して生じる陰イオン）に変えてくれるのです．さすがに「クエン酸」を「アルカリ性食品」に分類するのはこの種のエセ大権威でもできかねたのでしょう．

ヒトの血液の総量はほぼ体重の1/13ですから，大ざっぱには5Lぐらいで，その中の炭酸水素イオンの濃度は健康人ならば24±2 mmol/L（＝mEq/L），血液に溶けている炭酸の換算濃度は1.2 mmol/Lほどになっています．つまり血液のpHは，この炭酸の第一解離の曲線部分（第13講にグラフを示してあります）に入るので，後述の「緩衝作用」が働き，そう簡単には変動しません．余分になった炭酸分は肺胞の表面から二酸化炭素となって放出され，炭酸水素イオンは腎臓から尿の中へと除かれていくので，両方の溶存濃度がほぼ一定に保たれているのです．

Tea Time

本当のアルカリ性食品

アルカリを調理に使うのには，第16講のTea Timeに記した山菜などの「あく抜き」のほかにもいろいろと応用があります．しかし材料として炭酸ナトリウムや木灰を使っているものこそ本来の「アルカリ性食品」の名に値するものでしょう．第11講のTea Timeにも取り上げた中華麺や沖縄のソーキソバなどはご存じの方も少なくないことと存じます．

これらほど有名ではないのですが，わが国では南九州（鹿児島あたり）の名産である「灰汁巻（あくまき）」がこの「アルカリ性食品」の中でも最右翼であろうかと思われます．これは糯米を一昼夜ほど灰汁に浸してデンプンを糊化（餅化）しやすくしたものを竹の皮で包み，麻糸などできっちり縛って灰汁の中で半日ほど煮沸処理を行ってつくります．ですから名実ともにこれこそ本当の意味の「アルカリ性食品」といえます．保存が利くので，つとに関ヶ原の合戦の折の島津勢の兵糧として使われたという伝承が残っていますし，後年の西南戦争の折にも西郷隆盛が携行食糧として持参させ，そのせいで九州一円に広まったといわれています．

現在でも鹿児島では専用の木灰が市販されているようですが，ケヤキの灰がベストだといわれています．画像やつくり方についてはウェブページ (http://www.geocities.jp/kurobee55jp/akumaki.htm) などで紹介されています．ご参照下さい．

木灰が入手しにくい場所では，重曹水を灰汁の代わりに使うと同じようにつくれるというレポートもありましたが，でき映えはいささか上品な色合いになりすぎたというコメントがついていました．

有料トイレの元祖

西暦紀元1世紀の帝政ローマ時代，ユリウス・クラウディウス朝がネロの死で断絶すると，わずかの間に三人もの皇帝が即位しては暗殺されるという状態になって，帝国中が大混乱になったことがあります．この騒動を巧みに鎮圧して再び平穏を取り戻したのは，フラヴィウス朝のヴェスパジアヌス皇帝でありました．でも，うち続いた内乱のために国家財政は火の車，帝はいろいろなものに課税して少しでも国庫備蓄を増やし，国民に食糧と娯楽（今日でも「パンとサーカス」という言葉が残っています）を提供してたまった不満を減らし，ようやく国家の安寧を取り戻すことに成功しました．今日でも

観光名所であるコロセウムは，正式にはフラヴィウス円形競技場というのですが，その名のようにヴェスパジアヌス皇帝がつくらせたものです．

この課税対象は多岐に及んだのですが，その中の一つに「人尿」がありました．当時，ローマ紳士の平常着用するトーガは，純白であることが誇りでしたから，着用後は直ちに専門家の手によって洗濯・脱脂・漂白させることになっていて，そのための，貴重なアルカリ源として高価に取引されていたのです．皇帝はそのために公衆トイレを設置し，勝手に屋外で用足しをすると厳罰に処しました．トイレの使用自体はまだ有料ではなかったのですが，違反すると罰金だったので，結果的に町の衛生状態も向上し，排泄物の有効利用が可能となったわけです．こうして集められた人尿が貴重な課税の対象となったのです．

でもさすがに好評さくさくとはいかなかったようで，賢明の名も高かったティトゥス皇子が「いくらなんでも行き過ぎでは」と父帝に諫言したところ，帝はコイン（自分の肖像が刻まれている）を出して「におうかね？」といわれたという話が残っています．でもこうして倹約に努めただけのことはあり，やがて起きた，ポンペイを壊滅させたヴェスヴィアスの大噴火の後始末などの費用も，国庫の蓄えで十二分にまかなえたのです．

リンゼイ・デイヴィス女史の『探偵ファルコ』シリーズ（光文社文庫）は，このヴェスパジアヌス帝の御代に時代設定されていますが，ファルコの住まいの大家のおかみは洗濯屋で，「おしっこを粗末にするんじゃないよ！」というのが決まり文句みたいになっています．その伝統があるためか，現在でもローマあたりでは「イル・ヴェスパジアーノ」は有料トイレの別名になっているそうです．

19世紀のパリでも，ところ構わず立ちションをするパリジャン対策に頭を痛めた当時のセーヌ県の知事（ムシュー・ランビュトー）が，円柱形の共同トイレを町の各所に400基ほど設置させ，何とか対策に成功しました．だが口さがないパリジャンは早速「ランビュトー知事さんの塔」というニックネームをつけたのです．閉口した知事は，ある公衆トイレ業者が，ローマ帝国時代に公衆トイレの設置を行ったヴェスパジアヌス帝に因んで「ラ・ヴェスパジェンヌ」という名称で売り出していたのを採用し，以後こちらを正式名称に定めるとしたのです．さすがに時代の波には争えず，いまでは最後の一基がアラゴー通りに残っているだけだそうです．

第 4 講

酸性岩と塩基性岩

　地質学（岩石学）の方では，含有しているケイ酸分の多少に基づいて「酸性岩」，「中性岩」，「塩基性岩」に大別する分類法が以前から行われていました．ただこの分類ははるか以前の火成岩の分析値だけを基本とし，しかも現在では受験用の暗記事項になっているだけらしいのです．現代風にはもっと改良すべきだという声も多いのですが，やはり昔風の分類システムというのは結構国際的にも通用している範囲が広いし，ほかの分野との情報交換にも便利なので，その意味するところをきちんと把握して使えればいいのでしょう．

　何十年も前には「基性岩」という言葉が塩基性岩の代わりに用いられていました．これは英語の「basic rock」の直訳（一語一訳主義の訳語）として，かつてのエライ先生が，「「base」は「基」なのだから，「basic」は当然「基性」でなければならぬ！」と主張されたためだということです．いまでも目にすることはある（後述の中国での岩石分類の表などご覧下さい）のですが，さすがにわが国では使用される方々の頭数は減ってきています．別に誤植や校正ミスではなく，以前の古風な用語だったのだということだけ知っていればいいでしょう．

　ほとんどの岩石（火成岩）はたしかに見かけ上ケイ酸塩とみなすことが可能ですが，その組成はかなり広い範囲に分布しています．昔風の分類（小・中学校の理科で出てくるもの）ならば，

	酸性岩	中性岩	塩基性岩
深成岩	花崗岩 granite	閃緑岩 diorite	斑糲岩（はんれい） gabbro
火成岩	流紋岩 rhyolite	安山岩 andesite	玄武岩 basalt
SiO_2		66%	52%

のようになっています（漢字制限のために平仮名交ぜ書きになっているかも知れませんが，使われている漢字はあとで述べるようにきちんと意味を持ったものなのです）．岩石や鉱物の組成は，その昔の古典分析法では酸化物の形で秤量するのが普通でしたので，ケイ素の含量は「SiO_2」の百分率として表現することになっていました（本当に純二酸化ケイ素の形（石英や水晶など）で含まれているというわけではありません）．これをケイ酸分比率などといいます．

現在での分類はもう少し細かくなっていて，下の表のようなものがよく用いられています．

岩石の種類（現在普通に使われているもの）

タイプ	超塩基性岩	塩基性岩	中性岩	中性・酸性岩	酸性岩
SiO_2 含量	<45%	45-52%	52-63%	63-69%	>69%
火山岩	コマチアイト	玄武岩	安山岩	デイサイト	流紋岩
半深成岩	キンバライト	輝緑岩			アプライト
深成岩	橄欖岩（かんらん）	斑糲岩	閃緑岩	花崗閃緑岩	花崗岩

このような区分が可能なのは，成分鉱物（造岩鉱物）の組成が，この境界付近でかなり大きく変わることを意味しています．

なお現代中国における分類は下のようになっていて，わが国などで使われているものとはちょっとばかり違っています．あちらではまだ昔風の「基性岩」が生きて使われているということもわかります．

超基性岩	$SiO_2<45\%$
基性岩	$SiO_2=45\sim52\%$
中性岩	$SiO_2=52\sim63\%$
酸性岩	$SiO_2>63\%$
超酸性岩	$SiO_2>75\%$

ここにある「超酸性岩」は，いまのところ華文の論文でしかみることができませんので，世界的に通用しているかどうかはいささか疑わしくもあります．

でも現在では，月面の岩石試料も人間の分析対象となりましたし，マントルの一部と思われるもっと奇妙な組成の岩石も南アフリカなどで発見されてきている

ので，もっとケイ酸分比率の少ない「超塩基性岩」を別区分として立てることが普通になりました．塩基性岩と超塩基性岩の境界は SiO_2 含有 45％ とされています．

月の表面の高地部分で発見された斜長岩の成分はかなり純度の高い（98％程度にもなる）灰長石（かいちょうせき）（anorthite，$CaAl_2Si_2O_8$）であることが，JAXA の打ち上げた月面周回衛星の「かぐや」によるスペクトル分析の結果からも判明しました．この灰長石の理想的な組成は SiO_2 が 43％ ほどに相当します．地球上での曹灰長石（ラブラドル長石）と同じように虹色の蛍光を発するラブラドル効果が認められたということですが，いわゆる「月の海」の構成成分である玄武岩は，45％ ほどの SiO_2 を含んでいて，さらに鉄分（FeO）も 10％ほど含むために黒っぽく見えるのです（地球上の玄武岩と違って 3 価の鉄を含みません）．

═══════════ **Tea Time** ═══════════

岩石の名称

上の火山岩の分類に出てきた「玄武岩（げんぶ）」は兵庫県城崎の玄武洞に因んだ岩石名です．ここは古くからの観光名所でもあるのですが，命名者は寛政の三博士の一人として有名な柴野栗山（1736-1807）だということです（あとの二人は尾藤二洲と古賀精里）．玄武洞には，六角の黒色の岩石板が柱状に並んだ見事な節理（柱状節理といいます）が発達していて，まさにその昔の「四神」のうちで北を司る玄武（高松塚古墳の北壁にも描かれていましたが，黒色で亀と蛇が合体したような姿です）を思わせるところから命名されたとのことです．実際に行かれた方の撮影された鮮明な画像もネットで見ることができます（http://www.kougasitu.sakura.ne.jp/ju124.html）．

なお，岩手県の雫石にも，網張火山の玄武岩でできた見事な柱状節理の洞窟があり，同じように「玄武洞」を名乗っています．もっともこちらは，東日本大震災をも含めた何回かの地震のためにかなり破壊されたということです．有名な葛根田（かっこんだ）地熱発電所へ行く道の途中にあります．

「安山岩」は南米大陸を縦断している「アンデス山脈」に因んだ名称で，上手に漢字を当てたのです．その他の岩石名もそれぞれ見た目の特徴を捉えてつけられたものですが，「斑糲岩（はんれい）」の「糲」はもともと東南アジア産の稲（古代米）の黒い米粒（最近では食品店に並ぶようになりましたから，実際に目にされた方も少なくないことと思います）

の意味なので，特徴をよく捉えた名称なのですが，仮名書きにされると意味不明になってしまいました．

デイサイト（Dacite）は以前には「石英安山岩」といわれましたが，いまはこちらの方が普通になっています．この岩石名は古代ローマ帝国の一部であった「ダキア（Dacia）」（現在のルーマニアの一部に当たります）で最初に発見・記載されたからつけられたといわれています．

コマチアイトやキンバライトは，どちらも南アフリカの地名によっています．コマチアイト（Komatiite）は南アフリカ東部を流れる大きな川（普通は Nkomati と書くようですが，語頭の N をつけない綴り方もあるようで，こちらが採用されています）の流域で見られる岩石から，キンバライトはダイヤモンド産出で有名なキンバーリー（Kimberley）に由来しています．

これらの中で「花崗岩」だけはあまり由来がよくわからないのです．古くから「みかげいし」と呼ばれ，いまでも阪神電鉄や阪急電鉄には「御影」という駅があるぐらい有名なのですが，このあたりの石材は，桃山時代から盛んに利用され，江戸時代のはじめ頃にすでに取り尽くされてしまい，もっと西の小豆島や備前の万成あたりからの石材がネームヴァリューを活用して「○○みかげ」を名乗っていました．

かなり以前にさる老先生（故人）に伺ったところ，「周防の花岡（現在では山口県の下松市の北部）由来かもしれない．この近辺の石材は江戸時代（明治になっても）には輸出までされたそうだから，大陸への輸出用に「岡」に山冠をつけるぐらいやってのけただろうね」ということでした．江戸時代の舶来趣味（清国かぶれ）は結構著しくて，盛岡を「杜陵」，下関を「馬関」（古名の「赤間ヶ関」→「赤馬ヶ関」→「馬関」），長崎を「瓊浦」（雅称の「珠の浦」に基づく）と清国流に書き直して悦に入っている人間が少なくなかったのですから，この可能性は極めて大きそうです．ここのすぐ南にある「黒髪島」も花崗岩石材「黒髪みかげ」の産地で，国会議事堂の石材にも大量に使用されています．

山東半島などにも花崗岩石材は産出するのですが，あちらでの採掘が始まったのはずっと遅く，日本へ輸入されるようになった（「蓬莱みかげ」などと呼ばれていました）のは，大正時代の末頃（関東大震災以後）なのだそうで，どうみても花崗岩の名称の源とするには新しすぎるというのです．

なお現代中国では「花剛石」と呼んでいます．

第5講

酸性白土とアルカリ白土

　この二つの名称は一見したところ対になっているように見えますが，実は相互にまったく関係がないのです．まず酸性白土の方について説明しておきましょう．もともと「白土」はラテン語の「terra alba」の訳語で，カオリンやモンモリオナイトを主成分とする白色の粘土一切を指していました．

　この「酸性白土」はわが国固有の一群の粘土鉱物の総称で，英語名は「Japanese acid clay」といいます．業界では「ベントナイト」の方が通用している範囲が広いかも知れません．明治時代の中頃，新潟県（蒲原郡，岩船郡などのいわゆる下越区域）に産出する白色の粘土質の固体に，湿った青色リトマス紙を当てたところ見事に赤色に変色したということから名づけられたといわれます．また，この粘土の懸濁液に塩化カリウムを添加して攪拌後濾過すると，濾液はかなり著しい酸性を呈し，塩酸溶液となることから，「酸性白土」の名の方が一般化しました．これはまさにアルミノケイ酸塩骨格の中に水溶液中の金属イオンと交換可能なイオンのサイトがあることを意味しています．

　この主成分はモンモリオナイトと呼ばれる粘土鉱物なのですが，最初からこの形で生成したわけではなく，流紋岩や凝灰岩などの火山岩が，熱水，特に温泉水などの作用で変質して生じたものと考えられています．わが国は火山国で，高温の温泉にも事欠きませんから，各地にこの酸性白土の産地があり，北は北海道から山形県の庄内地域，新潟県の山間部，長野県の北部など，細長く帯状につらなった場所での産出が知られています．

　この酸性白土を希硫酸で処理すると，一部のアルミニウムイオンが溶け出して，反応活性が増大します．こうして得られたものが「活性白土」と呼ばれ，窯業原料，石油製品や油脂類の脱色剤，硬水軟化剤，洗剤のフィラー（増量剤）などの用途があります．このほかに石油精製時のクラッキング用触媒や，精糖工業での

糖蜜の脱色などほかにもいろいろな方面で，あまり目立たぬながら活用されているのです．

なお活性化に使った硫酸溶液はかなり大量のアルミニウムを含んでいますので，これは「硫酸礬土(ばんど)」，つまり排水処理などに用いる不純な硫酸アルミニウムの原料に向けられます．

もちろん欧米各地にも，多少は似た性質の粘土が存在していますが，中でも利用の歴史の古いものとして，「漂布土（fuller's earth）」と呼ばれるものがあり，これはほぼわが国の酸性白土と同じようなものだとみなされています．コナン・ドイルのシャーロック・ホームズ譚の『技師の親指』にも登場します．

これに対して，もう一方の「アルカリ白土」は，日本には産出しないのですが，もともとロシア語の「ソロンチャク」という土壌に相当する耕作不適土に対してアメリカで「white alkali soil」という名称が与えられたものの翻訳です．地下水の塩類濃度が高いのに，地表からの蒸発量が著しく大きな地域においては，土壌の毛管現象のために地下水が吸い上げられてきて，水分だけが揮発し，あとに灰色から白色の塩類の集積した層が残るのです．この塩類の成分は食塩や硫酸ナトリウムなどが主ですが，場所によってはマグネシウムやカルシウムなどの硫酸塩が析出することも珍しくありません．

アメリカの中西部に発達していて，コナン・ドイルの『緋色の研究』の舞台ともなっている「アルカリ平原」の表層はまさにこれでおおわれているのです．

=== Tea Time ===

温泉の酸性・アルカリ性の分類

わが国の温泉地はもともとかなり年配の方々の保養の場所として活用されてきました．でも最近は旅行雑誌やマスコミなどの宣伝の結果なのでしょうか，若い女性方の集まるところにもなったようで，そのために以前とはかなり様子が変わってしまい，砂風呂とか岩盤浴などという以前なら本当の好事家だけが楽しむものだったものもずいぶんポピュラーになってしまいました．

温泉は「温泉法」による規定があり，ただの井戸水や水道水をわかしただけのものは温泉とはいわれないのです．その中でいまの酸性度（水素イオン濃度）による分類は下

のように定められています（昭和54年制定）．

水素イオン濃度（pH）による分類（湧出時のpH値）

強酸性泉	pH2 未満
酸性泉	pH2 以上 pH3 未満
弱酸性泉	pH3 以上 pH6 未満
中性泉	pH6 以上 pH7.5 未満
弱アルカリ性泉	pH7.5 以上 pH8.5 未満
アルカリ性泉	pH8.5 以上 pH10 未満
強アルカリ性泉	pH10 以上

このうち「強酸性泉」や「強アルカリ性泉」は，それぞれ「酸性泉」，「アルカリ性泉」に含めてしまうこともあります．

　世界で一番酸性度の強い温泉は国後島にあるそうで，湧出時のpHはなんと1.0以下だというのですが，これと甲乙のつけがたい強酸性の温泉には秋田県の玉川温泉（pH＝1.2），青森県の酸ヶ湯温泉（pH＝1.9）や群馬県の草津温泉（pH＝1.4〜2.0）など東日本に多数分布しています．大部分の温泉水は弱酸性から弱アルカリ性の領域の湧水なのですが，アルカリ性泉としては岐阜県の下呂温泉（pH＝9.2），山口県の俵山温泉（pH＝9.8），神奈川県の飯山温泉（pH＝11），白馬八方温泉（pH＝11.2）などが名高いところでしょう．これらのアルカリ性の温泉はよく「美人の湯」などとして宣伝されていますが，たしかにアルカリ性の暖かい温泉水に浸ると，皮膚の表面の死んだ細胞が容易に溶けて除かれるような感じがするということで，ご婦人方に人気が高いということでもあります．

主な温泉の pH（岐阜県温泉協会公式サイト掲載の表より作成）
*温泉地には複数の源泉が存在するため，そのうちの代表的な源泉の値を記入しています．

pH			
1			5%塩酸
	1.2	玉川温泉（秋田県）	
	1.4	川原毛温泉（秋田県），蔵王温泉（山形県），塚原温泉（大分県）	
2	1.9	酸ヶ湯温泉（青森県）	胃液
	2.0	草津温泉（群馬県）	レモン
	2.2	須川温泉（岩手県）	
	2.4	万座温泉（群馬県）	
3			酢
4			ワイン
5			ビール
	5.6	下島温泉（岐阜県）	コーヒー
6			雨水
	6.2	新穂高温泉（岐阜県），平湯温泉（岐阜県）	
	6.5	塩沢温泉（岐阜県）	
7			純水
	7.1	海津温泉（岐阜県）	
	7.4	養老温泉（岐阜県），やまと温泉（岐阜県）	
	7.5	ひだ荘川温泉（岐阜県）	
	7.9	美人の湯しろとり温泉（岐阜県）	
8			海水
	8.2	柿野温泉（岐阜県）	
	8.3	上之保温泉（岐阜県）	
	8.5	板取川温泉（岐阜県）	
9			
	9.2	下呂温泉（岐阜県），明宝温泉（岐阜県）	
	9.5	久瀬温泉（岐阜県）	
	9.8	俵山温泉（山口県）	
	9.9	割石温泉（岐阜県），馬瀬川温泉（岐阜県）	
10			
	10.5	串原温泉（岐阜県）	
11			石けん水
	11.2	白馬八方温泉（長野県）	家庭用アンモニア
12			石灰水
13			
14			5%水酸化ナトリウム

第6講

酸素酸と水素酸…新たな混乱

　ラヴォアジェが，酸素が酸の源であるということを見出して，それまでのフロギストン説（「可燃性の物質は内部にフロギストン（燃素）を含み，これが内部から飛び出すことが燃焼そのものである」という，ドイツのベッヒャー（J. J. Becher, 1635-1682）が最初に唱えた学説）を打破してしまったわけですが，その結果としてこんどは「酸」には必ず酸素が含まれているはずだという主張が出現しました．たしかに，当時すでによく知られていた硫酸や炭酸，リン酸，硝酸などはすべて酸素を含んでいます．

　その結果として，構成元素として酸素を含んでいない酸というものがあるかどうかが問題となりました．この時代すでにお馴染みの「塩酸」は，実は塩化水素の水溶液なのですが，水溶液には当然ながら水，すなわち H_2O の成分としての酸素が含まれているものの，これから水分を除去した「塩化水素」は本当に酸素を含んでいるのか，それとも含んでいないのかが大学者たちの間で激論のタネとなったのです．

　やがて，イギリスのデーヴィー（H. Davy, 1778-1829）が，当時イタリアのヴォルタ（A. Volta, 1745-1827）によって発明されたばかりの電池を駆使していろいろな化合物の電気分解を試みました．その結果多数の新元素の単体が単離され，無機化学の対象が一挙に広がったわけですが，彼はいろいろな酸の電気分解をも行って，例外なく陰極側に水素が発生することから，「酸の正体は水素である！」と喝破しました．

　英仏両国の化学者たちを巻き込んだ，十年以上にもわたる大混乱の末，ついに「酸には，酸素酸と水素酸の二種類がある」という折衷案みたいな定義で何とか落ち着くことになりました．これをまとめ上げたのは当時のフランスの大化学者のゲイ＝リュサック（L.-J. Gay-Lussac, 1778-1850）だということです．現在でも

「フッ化水素酸」とか「シアン化水素酸」のような名称が生きているのはこの時代からの名残です．ほかにもこのような酸素を含まない酸には○○水素酸の名で呼ばれるものがあります．現在でも比較的よく目にするものとしては

  窒化水素酸（アジ化水素酸） HN_3
  チオシアン化水素酸（ロダン化水素酸） $HNCS$
  臭化水素酸 HBr
  ヨウ化水素酸 HI
  硫化水素酸 H_2S
  セレン化水素酸 H_2Se

などがあげられます．でも，大多数の酸はいわゆる酸素酸（いまでは「オキソ酸」という方が主です）です．

 そののち，今日の有機化学の開拓者ともいわれるドイツのリービッヒ（J. von Liebig, 1803-1873）が，「どのような酸にせよ，その中には金属で置換し得る水素を含んでいるのだから，水素こそが酸の作用の根源である」という実験的根拠に基づいた強固な主張を1838年に提出し，その後これがのちのアレニウスの酸塩基理論が出るまでの化学者たちの共通した理解となりました．リービッヒは若い頃パリに留学してゲイ＝リュサックのもとで化学を学び，きちんとした元素分析の重要性を身に染みて感じていましたから，この確実な実験的証拠に基づく「酸」の定義は極めて説得力があったのです．

 そのあと，無機化学の進展につれてこの水素酸や酸素酸（オキソ酸）のほかにもいろいろな「酸」，またはその塩がつくられたのですが，この多くは配位化合物（錯塩由来）のもので，配位子となる原子や原子団によってそれぞれ「チオ酸」とか「クロロ酸」などとまとめて呼ばれるものです．たとえば金属イオンの定性分析で，スズやアンチモン，ヒ素などのいわゆる第II族乙類（酸性で硫化水素（現在のセミミクロ法だとチオアセトアミドで）により沈殿させたものに硫化アンモニウムを過剰に加えたときに再溶解してしまうグループ（溶けない方が第II族甲類））は，再溶解した溶液の中ではみなこのチオ酸錯イオン（それぞれ $[Sn^{IV}S_3]^{2-}$，$[Sb^{V}S_4]^{3-}$，$[As^{V}S_4]^{3-}$ などの形をとっているらしい）となります．これらのチオ酸類は強酸性では不安定なので，遊離酸は単離できませんが，適当な陽イオンと

反応するとまさにこのタイプの酸の塩となって沈澱を析出します．鉱物の中にもこの種のチオ酸塩が何種類か存在します．

また，金や白金は王水に溶けますが，このときの王水溶液中にはクロロ金酸やクロロ白金酸の形で溶解しています（正確にはそれぞれテトラクロロ金酸（$H[AuCl_4]$），ヘキサクロロ白金酸（$H_2[PtCl_6]$）となっています）．以前はこれらを「塩化金酸」とか「塩化白金酸」のように呼んでいました．

● 鉱　酸

これはもともとはフランス語の「acide minèrale」の直訳らしいのですが，もともとのフランス語では「minèral」は無機質（鉱物質）を意味する言葉として使われることが多く，現代でも無機化学を意味するフランス語は「chimie minèrale」となっています．栄養学での「ミネラル」はこの意味が残っているといえます．そういうわけですから，「鉱酸」は有機酸と区別した「無機酸」のことであると記してある辞典類がほとんどですが，実際に化学者が使用している「鉱酸」はもう少し限られた意味のようで，たとえば塩酸や希硫酸，リン酸などの強い酸で，酸化性や還元性のないものを指しています．濃硫酸や硝酸などの酸化性のある酸や，ホウ酸や炭酸，フッ化水素酸のような弱酸は，「鉱酸」には含めず，通常は別扱いになっているのです．過塩素酸や臭化水素酸あたりは，時と場合によっては「鉱酸」に含めることもありますが，硫化水素酸やヨウ化水素酸なども還元性を持つためか，普通には「鉱酸」として扱うことはあまりありません．

=========== Tea Time ===========

実際に利用される酸味料

われわれ日本にくらしている人間にとってもっとも身近な酸味源は，歴史的に考えてもあまり変化していないのですが，酢酸と乳酸によるものが大部分でした．酢酸は酒を醸造したあと，その中に含まれるエタノールが酢酸菌によってさらに酸化されて生じたものにほかなりません．つまり発酵・醸造法で得られるものがメインだったのです．このほかに乳酸発酵を利用した食品としては，歴史のある近江の琵琶湖の鮒鮨に代表される「なれずし」や糠味噌漬けなどがあげられるでしょう．さらには梅干しやスダチ（酸

橙），柚子などに含まれるクエン酸も長い利用の歴史があります．
　佐藤春夫の「秋刀魚の歌」には
　　秋刀魚，秋刀魚
　　そがうへに青き蜜柑の酸をしたたらせて
　　秋刀魚を喰ふはその男がふるさとのならひぞや
という有名な一節があります．佐藤春夫は紀州新宮の人ですから，この「青き蜜柑」はおそらくは紀州名産のスダチであろうかと思われます．
　ヨーロッパなどではもっぱらワインを原料とする酢が使われ，ほかにはリンゴなどの果実を原料とするものが主で，昨今輸入されている「フルーツビネガー」などのいろいろな商品名からもこれは推測できます．
　ところが，「鉄の胃袋の持主」というニックネームをお持ちの大阪吹田の国立民族学博物館元館長（現　名誉教授）の石毛直道先生（1937-）の御著書『世界の食べもの　食の文化地理』（講談社学術文庫）によると，中近東から北アフリカ一帯には，敬虔なイスラム教の信徒が多数居住しているのですが，マホメット（ムハンマド）教祖が，「飲酒は悪魔のわざ」として厳禁してしまった結果，数千年以前のメソポタミア文明時代以降，ローマ帝国時代まで連綿と継続してきた醸造関連の食文化が完全に断絶してしまい，発酵・醸造による食酢の製造がまったく行われていないのだそうです．それでも調味のための酸味料はやはり必要ですが，レモンなどの果実の搾汁や，マメ科のタマリンドの莢の内壁（果肉に当たる）の浸出液を使うぐらいしかありませんでした．
　もちろん，舌の味蕾を直接刺激するのは水素イオン（オキソニウムイオン）ですから，どんな酸でも変わりはないようなものですが，やはり共存する対イオンの影響はかなりあるようです．
　『すしの本』（岩波文庫など），『中国食物史』（柴田書店）などの名著を書かれた，食品化学の大先達である大阪学芸大学（現　大阪教育大学）の故篠田　統先生（1899-1978）が，以前に大阪と彦根の女子大生を対象として酢酸と乳酸の酸味の好みを調査されたところ，大阪の方は酢酸の酸味の方を好む向きが多かったけれど，琵琶湖畔の彦根の方は逆に乳酸の酸味の方が圧倒的に好まれたという結果が得られたそうです．やはり鮒鮨など永年の郷土の味や家庭での料理で馴染んできた味覚はそう簡単には変わらないということなのでしょう．
　平安時代の初期，平城天皇の大同三年（803）にまとめられたという当時のわが国の医師の用いていた処方集である『大同類聚方』という大部の書物があり，槇佐知子先生（1933-）が懇切に注釈を加えられたものが新泉社より刊行されています．この書物は後代の利用者が注を書き加えた部分もあるので，長いこと「偽書」扱いされてきたのですが，槇先生が詳しく調べられた結果からすると，かなりの部分は編纂当時のままの

スタイルを残しているようです．この注の中に，ほぼ同時代（淳和天皇の天長十年（833））に編纂されたと考えられている『令義解（りょうのぎげ）』が引用されていて，その中に

　「薩摩の硫黄島では，米がつくれないために，火山の噴気孔に溜まる露を集めて酢の代わりに使っている」

という意味の記載があります．薩摩の硫黄島は，のちに俊寛上人が流された鬼界ヶ島だといわれていますが，その昔（七千年前）に大噴火した鬼界カルデラの外輪山で，現在もかなり激しく活動しています．噴気孔に溜まった露には，火口からの亜硫酸ガスが溶け込んだものが空気で酸化されて，希薄な硫酸分を含むようになっていたはずです．いってみれば「酸性雨の凝縮物」みたいなもので，ちょっと怖くもありますが十分酸味料として使えたことでしょう（なお現在でも，コーラの酸味料にはリン酸が使われているそうです）．

　一方，朝鮮半島では有史以来穀物の産出量が不足で，住民の食用としての米ですら，需要をまかなえるようになったのは，20世紀になって朝鮮総督府がいろいろと農事改良を実施するまで不可能でした．貯蔵していた穀物を食べ尽くした「春窮」という状態（現在の北朝鮮でもしばしばみられるということですが）が当然のことだったのです．専門の酒類の醸造ですら，原料が十分に確保できないのですから，酒造業はほとんど存在せず，宗主国であった清の製品を輸入することしかできませんでした．ですからそのあとの段階となる発酵・醸造による食酢の製造に至っては，長いこと事実上不可能だったといわれます．そのためでもありましょうが，現在でも，シャープな酢酸そのものの酸味の合成酢の方が珍重されるらしく，醸造酢は日本ほどには好まれないということです．

第7講

苛性アルカリと緩性アルカリ

　小学校のテキストにも「カセイソーダ」（水酸化ナトリウム）は出てくるようですが，この「カセイ」は英語の「caustic」に当たる言葉の「苛性」の音読みなのです．この「苛」は，「情け容赦もない」とか「いじめる（苛める）」という意味の字で，物質の形容としての「苛性」は「腐蝕性」とか「反応性が大きくて皮膚を激しく損傷させる」という意味だったのですが，カタカナになると単なる暗記事項になってしまいました．漢字のままなら「皮膚を侵すからキケン！」という意味がすぐわかったのに，やさしくしたつもりでかえって危険を知らずに取り扱うことになったのは，やはり第二次大戦後の国語審議会メンバーの長老たちが，自分たちが決めたことがどのぐらい周囲に悪影響を及ぼすか（いわゆる「波及効果」）をまったく考慮できなかったことの証明でしょう．ちなみに，『礼記』にある「苛政は虎よりも猛なり」という孔子様のいわれた言葉は有名ですが，この苛政は「お上からの税の徴発が情け容赦もなく厳しい」ということです．

　生物の身体は有機物で，おもに蛋白質で構成されていますが，強いアルカリにあうと，骨組みのペプチド結合が切れてばらばらになり，個々のアミノ酸になって溶けてしまいます．うっかり工業用の苛性ソーダのかけら（普通は粒状やフレーク状に成形されていますが）を手につけたままにしておくと，やがて皮膚がどろどろに溶けて穴が開いてしまいます．こうなったら大変ですから，すぐに洗い落とさなくてはなりません．でも皮膚に付着したアルカリは洗ってもなかなか落ちてくれないので，普通は薄い酢（食酢で十分）などで処理（中和）してから水で洗い落とすことになります．

　この「苛性アルカリ」は，現在ですと苛性ソーダと苛性カリ（水酸化カリウム）だけに限られていますが，その昔はもう少し範囲が広く，現代の水酸化バリウム（バライタ）や生石灰（酸化カルシウム），消石灰（水酸化カルシウム）などまで

を含めた意味であったようです．もっとも「苛性石灰」なんていう表現は百年以上昔の書物でもなくては見ることもなくなってしまいました．

　昔のお医者様がよく，胸焼けなんかの対症薬（いわゆる「胃のクスリ」）として処方された制酸剤の「カセイマグネシア（カマグ）」は，正体は酸化マグネシウムなのですが，この「カセイ」はいまの「苛性」ではなくて「煆性」なのです（もっとも，さる有名な医学部教授の書かれた解説記事には，「カセイソーダ」の「カセイ」と同じ意味なのだ（いくらエライ先生のご託宣でも間違いですが）と記してありました）．この字は「熱分解で調製した」という意味で，炭酸マグネシウム（通常は塩基性塩なので $MgCO_3 \cdot xMg(OH)_2$ のような組成なのですが）をカセロールなどで加熱・分解して調製したものです．やたらにカタカナ化するととんでもない間違った解釈がまかり通ったりするのです．

　これほど作用が激越ではなくともアルカリ性を示すものとして昔から知られていたものは，天然ソーダと草木灰でした．これらは手につけてもそれほど激しく皮膚を侵すことはありません．ですから太古から洗濯や洗浄のために広く使われてきました．『旧約聖書』（文語訳）にも

「たとひソーダをもて自ら濯ひ又おほくの灰汁を加ふるも汝の悪はわが前に汚れなり」と神はいひたまふ（エレミヤ書2章22節）

という一節があります．

> ここのところ，あまり評判のよくない新共同訳では，「たとえ灰汁で体を洗い多くの石灰を使ってもわたしの目には罪があなたに染みついていると主なる神は言われる．」となっています．ちょっとこれだと化学的には理解しにくいのですが（上記の文語訳の方が意味が通りやすい），宗教文書は難解な方が有難味が大きいという向きもあることですから….

　旧約聖書の原典はヘブライ語なのですが，すぐには参照できないので，教会でお馴染みのラテン語だと

"Si laveris te nitro et multiplicaveris tibi herbam borith maculata es in iniquitate tua coram me dicit Dominus Deus."

となっています．

　この有名なくだりがあるほど，古くから使われてきました．汚れ落とし，特に中近東での繊維製品（麻や羊毛などの織物）の洗濯のためには必需品であったので，別名を「洗濯ソーダ」と呼ばれているぐらいです（これは本来ならば炭酸ナ

トリウムの十水塩結晶（$Na_2CO_3 \cdot 10H_2O$）のはずですが，乾燥した低湿度の条件では風解しやすいので，天然産のものでは結晶水の数はさまざまなものの混合物です）．エジプトや内蒙古などの乾燥地帯には，何万年もかけて天然水が蒸発乾固した末に生じた天然ソーダの鉱床が現在も残っていて，大規模に採掘されていますが，掘り尽くすにはまだ相当の時間がかかりそうです．この天然ソーダは，炭酸ナトリウム（Na_2CO_3）と炭酸水素ナトリウム（重炭酸ナトリウム $NaHCO_3$）の両成分をいろいろな割合で含んだ一群の鉱物で，一番典型的なものはトロナと呼ばれる $Na_2CO_3 \cdot NaHCO_3 \cdot 2H_2O$ でしょう．これを加熱すると無水の炭酸ナトリウムとなりますが，これは別名を「ソーダ灰」といって，工業原料として極めて重要で，世界中における貿易高も大変な量に上っています．

● ワディ・ナトルーン

　エジプトの天然ソーダ鉱床として有名なのは「ワディ・ナトルーン（Wadi Natrun）」というナイル川の旧河床の一つで，これは「ナトロン（つまりソーダ）の涸れ川」という意味の名です．カイロからアレクサンドリアに向かう幹線道路の西側に並行してある長い谷で，聖書に因んでか，いくつもの歴史あるコプト教

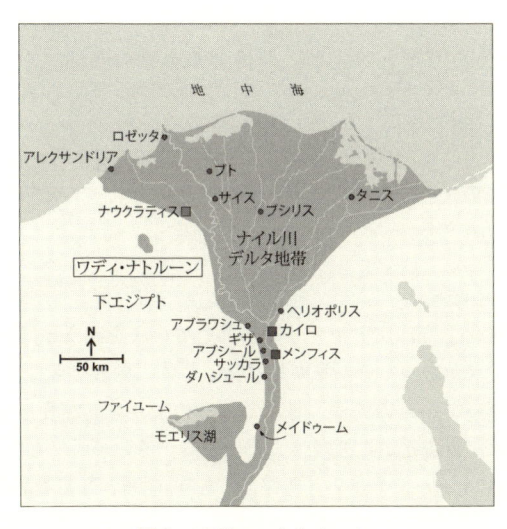

図1　ワディ・ナトルーン

（キリスト教の一派）の修道院があり，現在では観光名所にもなっています．アスワンハイダムができてからは，大増水時にもここまで水がやってくることはなくなりましたが，太古からの蓄積は厖大なものなので，現在でも天然ソーダはエジプトの主要な輸出品になっています．

草木灰は，植物が土壌中から吸い上げて，植物体中に保持していたものを焼却処理したあとに残ったもので，主成分は炭酸カリウムです．「カリ」というのはもともとがアラビア語で，これに定冠詞の「アル（al）」がついたものが「アルカリ」だったのです．ヨーロッパでは長いことアルカリ性物質としては材木を燃やしたあとの灰ぐらいだったのですが，高緯度でかつ気候不順なこともあって，18世紀半ば頃には，森林の面積は大幅に減少してしまい，次第に品薄になってきました．はるばるロシアや北アメリカ（まだ大量の森林が残っていました）から木灰の形にして輸入も行われたぐらいです．これらは「苛性アルカリ」に対して「緩性アルカリ」と呼ばれてきました．時としては硼砂（ほうしゃ）（テトラホウ酸ナトリウム，$Na_2B_4O_7 \cdot nH_2O$）も含めることもありますが，ヨーロッパ世界では17世紀頃まで硼砂は高貴薬扱いで，それ以後も産地が限られていて法皇庁の専売に近かったこともあり，あまり身近ではありませんでしたから，この意味での使用例はずっと少ないようです．また，アンモニアの水溶液も弱アルカリ性ではあるのですが，普通は「揮発性アルカリ」と呼んで，苛性アルカリや緩性アルカリとは別扱いになっていました．

===== Tea Time =====

「灰も商品に」

わが国でも江戸時代までは，アルカリ原料としての灰を商う専門の商人がいました．用途別にどのような木からつくるかを産地に指定して，少しでも良質なものを得て高価に取引するようになっていたのです．材木そのものよりも嵩が著しく減少しますから，運搬には便利なので，製造元から消費地までの距離が遠い場所でも灰商人は活動していて，京都には取引のセンターでもある「灰座」があり，豪商として有名だった「灰屋紹益」（島原の名妓だった吉野太夫を身請けしたことでいまでも語り伝えられています）など

もその有力な一人でありました．上質の灰の注文先は染物屋（紺屋）や酒造業などだったようです．現在でも肥後の赤酒や薩摩の黒酒などは，平安時代以来のこの木灰処理操作を行っています．沖縄名産の「ソーキソバ」も，小麦粉を木灰（ガジュマルなど）の水溶液で練るのが本来なのですが，近年では特別に調合した専用の塩類を使っているとのことです．

歌舞伎の「与話情浮名横櫛」の源氏店の場で「竈(かまど)の下の灰までオレのものだア」という有名な科白がありますが，「灰」にも立派な換金価値があったことがこの文句からもわかります．

第 8 講

「アルカリ」のもっと広い意味の用法

　もともとが草木灰の意味であった「al-kali」なのですが，関連する分野では一見するとずいぶん違った意味の使われ方もされています．さきの「アルカリ性食品」なんていうのもその一つではありますが，実業界ではそれぞれに長く使われてきた歴史があるので，現在のところでは一見して縁がまったくないようにみえても，大元のところをみればなるほどと思われるものがほとんどなのです．

　元素の分類（族）にも「アルカリ金属（第1族）」，「アルカリ土類金属（第2族）」などというのがあるわけですが，本来の「アルカリ」は炭酸カリウムでしたから，これは酸化物をつくって水と反応させると強いアルカリ性の水溶液を生じる（つまり強塩基性の酸化物）という特徴でまとめられたのです．そのため，以前にはベリリウムとマグネシウムを「アルカリ土類元素」には含めない（含めるべきではない）という大先生方が居られ，昔の化学のテキストでは，短周期型の周期表で亜鉛の上に位置するように記してあったものも少なくありませんでした．酸化ベリリウムや酸化マグネシウムは水に溶けにくいからです（水酸化物はどちらも強塩基なのですが）．

　以下にはいくつか身近な分野における「アルカリ」という言葉の用例について簡単に触れておきましょう．特にこれが数値化されて使われる「アルカリ度」という，分野ごとに違う意味のままで用いられているものなど，うっかりするととんでもない誤解の元となるかも知れないのです．

　たとえば美容室などで用いる「パーマ液」では，「アルカリ度」が次のように定義されているようです．これはいくつかの「ブログ」にあった記載なのですが
　「処理に使う液体（例えばパーマ液 I）の中のアルカリの総量で，pH とは別のものです．通常は 1 mL 中のアルカリを中和するのに必要な塩酸（0.32％の塩酸水溶液）の量で表します．従ってアルカリ度の単位は mL で表します．」

実はこの記載通りだとすると化学的には何を意味しているかまったく不明なのですが，どうも美容界というのは世人（化学を習ったことのある人間）の理解を絶している分野であるようです．パーマ液はいわゆる医薬部外品に属するはずなので，所管のお役所（厚生労働省）の方の記載を見ますと（これはまだ「厚生省」の時代に定められたものなのですが），

　「いわゆる第 1 剤（還元剤で，髪の毛のケラチンにあるシスチン架橋を還元してジスルフィド基を二つのメルカプト基に変える作用を持つものです）の規格として，まず pH はガラス電極を用いて 25℃ で測定するとき 4.5～9.6 の範囲であること」

という記載があり，このあとに

　「アルカリ：試料 10 mL を 100 mL のメスフラスコに正確にとり，化粧品原料基準（昭和 42 年 8 月厚生省告示第 322 号改正昭和 57 年 12 月厚生省告示第 211 号）に適合する精製水（以下単に「水」という）を加えて全量を 100 mL とし，これを試験溶液とする．」

　「その 20 mL を正確にとり 0.1 mol/L 塩酸で滴定するとき，その消費量は試料 1 mL につき 7 mL 以下であること（指示薬：メチルレッド試液 2 滴）」（以下略）

と記されています．

　これなら至極明快なのですが，さきの意味不明な「アルカリ度」の定義が行われているのは，どうもそれぞれの美容室で自家製のパーマ液を調合することが行われているためなのでしょう．この厚生省の規格に従えば，原液 1 mL 中のアルカリ消費量（メチルレッドを指示薬とする中和点まで）が 0.7 ミリ当量（mEq）ということになります．アルカリの種類や組成が定められていませんから，ここではモル数表記は不適当なので，こちらで表記するしかありません．ところが上のブログの記載にあるように mL 単位の数値が一人歩きしているということはちょっと危険を含んでいるようでもあります．

　これとは別に，もっと古くから「アルカリ度」が使われてきたのは水質分析の分野です．こちらは降水や地下水などの「酸消費量」を意味する言葉で，JIS の用語ではこの「酸消費量」の方に定められています．いってみれば試水の持つ緩衝能力の尺度みたいなものです．

多くの天然水，特に河川，湖沼水などの陸水においては，炭酸水素イオン（HCO_3^-）によって pH は 7 付近に保たれていますが，これをメチルレッド指示薬を用いて薄い酸で中和滴定して求めます．測定方法は，上水試験方法では MR（メチルレッド）混合指示薬を用いて，0.01 mol/L の硫酸で，pH=4.8 になるまで滴定することになっています．また，JIS K 0101-1998 の酸消費量の項目ではメチルレッド-ブロモクレゾールグリーン混合溶液を指示薬として 10 mmol/L の硫酸で pH=4.8 になるまで滴定することになっています．表現に違いはあるものの実は同じ操作です．ちょっと不審なのは 0.01 mol/L（10 mmol/L）の硫酸を用いていることで，ここでは本来は当量値が重要なのですから，0.02 N の硫酸（おそらく昔はそうだったのでしょう）でなくてはまずいはずなのですが，SI べったりのお役所のこと，機械的に換算してしまったものと思われます．

天然水の場合のアルカリ度は通常なら 100 μEq/L 以上で，この原因はほとんどの場合が炭酸水素イオンによるものです．このような溶液ならば，緩衝作用が働くので，多少の酸が加わったとしても，自然に pH を一定の値に保つ働きをしますから，そこに棲息している生物に影響することはありません．しかし，アルカリ度が 50 μEq/L 以下になってくると，わずかな酸が加わったときにも大きく pH が変動してしまいますから，棲息している生物に悪影響を及ぼしてしまいます．

それはともかく，これだとさきの厚生労働省のパーマ液などのアルカリ度とはまったく違った定義がされていることがおわかりだろうと思います．いくら所管のお役所が違ってもちょっとばかり問題になるかと考えられますが，もう何年間もこのままで経過してきているところをみると，相互に問題を起こしたことはなかったのかも知れません．なお，天然水のアルカリ度は上記のようにほとんどの場合炭酸水素イオンが原因なのですが，工場排水などではこのほかに水酸化物イオンや炭酸イオンが多量に含まれる可能性もあります．

=== Tea Time ===

味覚の中での酸とアルカリ

以前から，味覚には五種類あるといわれてきました．基本的には「甘，辛，鹹（かん），酸，苦」の五要素で，このほかに 20 世紀になってから池田菊苗先生の発見された「旨味」が加

わりました（分野によっては「うま味」になっています．これは常用漢字の読みが「む
ね」だけに決められていて，由緒正しい「うま」いという読みが許可されていないため
らしいのです．やはり永年使われてきた学術用語までをこんな誤解を招きそうな表現に
杓子定規に規制してしまうのは，情報の誤りない流通という点から考えると大きなマイ
ナスだとすら思えるんですが）．

一方「辛味」はこれらのように味覚の受容体による感覚ではなく，アルコールなどと
同じように化学物質そのものが直接に感覚神経と反応して起きる感覚なのだそうで，い
までは別扱いになってしまいました．

この「味覚」は程度の差こそあれほとんどの動物に備わっているといわれ，アメーバ
やゾウリムシなどの単細胞生物でも甘いものに応答する（引き寄せられる）という研究
結果もあるということです．もっとも種によっては特定の味覚の感度が鈍いものもある
らしく，たとえば爬虫類はアルカロイドなどの苦味を感じにくいといわれています．

このほかに「渋味」や「えぐ味」を加えるべきだという大権威も少なくないのですが，「え
ぐ味」はひょっとしたら水酸化物イオンによる舌の神経の直接刺激によるものかも知れ
ないともいわれています．つまり辛味と同様な化学物質そのものによる神経刺激を表し
ているのだろうというのです．ただこちらについてはまだ万人を納得させられる研究結
果は得られていないということです．

「渋味」の方はこれに比べるとずいぶんむずかしいようで，タンニンや没食子酸など
のいわゆる「渋」の原料となるもの（これらはいわゆる「ポリフェノール類」の味に代
表されるものですが）はヨーロッパ人などにとっては，これは「一種の酸味にほかなら
ない」といわれる向きもあるのだそうです．

たしかにフェノールは弱いながらも化学的には酸として挙動するものですし，水溶性
のタンニンなどはフェノール類の味覚と似ていないこともないので，この間の区別がで
きにくいというのはわかるような気もします．通常使われる味覚の形容として「酸味」
と「渋味」に対して同じ言葉を使う国すらあるのだそうです．つまり柿の渋さとワイン
の渋さ（こちらはほとんどが含まれている酸によるもの）とが同一尺度上のものだと思
われているのです．

一方では，渋味と苦味とは連続的なもので，単に味蕾上の濃度の違いに基づいている
だけだという説もあるのだそうです．ヒトの感覚とは簡単に片付けられるものではない
し，またそれぞれのお国柄や年齢によって感じ方がかなり違ってきますから，このよう
な「基本味」も「現在のところもっとも有力な学説」ということになっているだけです．

第 9 講

ルブラン法とソルヴェイ法

　ヨーロッパで産業革命が始まると，化学工業もさることながら，製紙業や繊維工業，製陶業やガラス製造などの方面で，ソーダ灰（無水炭酸ナトリウム）の需要が激増しました．でも，ヨーロッパではソーダ灰はあまり産出しないので，もっぱらエジプトなどからの輸入に頼っていました．乾燥地帯である蒙古やアフリカ各地，アメリカ西部などからの輸入はまだ始まっていなかったのです．輸入品ですからどうしても高価につくし，利用できる量にも限りがありました．そのために当時のヨーロッパでも比較的豊富に入手可能な食塩（もっぱら岩塩）が何とかしてソーダ灰に変換できないかといろいろと模索されました．もちろんフランスやスペインなどでは塩田によって海塩も採取されていましたし，海浜で採取される塩類植物（オカヒジキなど）やケルプの灰も使われていましたが，なにしろ高緯度地域のこと，お天道様任せの塩田からの採取よりも，工業塩としては鉱山から掘り出す方が主で，かつ安価でもあったのです．オーストリアの「ザルツブルク（Salzburg）」やドイツの「ハルレ（Halle）」はどちらもこの岩塩の産出に由来する都市であることが名前からもわかります．「Salz」はドイツ語で「塩」の意味です．「Halle」はハロゲンと同じくギリシャ語の「塩（ἅλς（háls））」に基づいています．

　そこで，輸入に頼らず自前でソーダ灰をつくろうという動きが起きたのは至極当然のことです．もちろん実験室的に小規模で調製するなら，いろいろな方法がありますが，大規模に工業的につくるには，コストと資源などの問題があるので，採用可能な手法は所詮限られてくることになります．

　今日まで名が残っているものとしてはフランスのルブラン（N. LeBlanc, 1742-1806）の発明した「ルブラン法」と，ベルギーのソルヴェイ（E. Solvay, 1838-1922）の発明になる「ソルヴェイ法」の二つがあります．

●ルブラン法

フランスのルイ十六世と科学学士院（アカデミー・ド・セアンス）は，1783年に，海塩（塩化ナトリウム）からアルカリ（ソーダ灰）をつくり出す方法に 2400 リーヴルの賞金をかけました．この賞金の額は現代のいくらに当たるかは，いろいろな説があるのですが，革命以前の束の間の小康状態にあったフランス王国の財政状態からすると，およそ現代の一億円ぐらいに当たるでしょうか．

ルブランは当時のオルレアン公（ルイ・フィリップ二代公，七月革命後王位に就いたルイ・フィリップ王の父君）の侍医でありましたが，当時比較的安価，大量に入手可能な硫酸と石灰石，石炭などを使うことによって，三段階のプロセスで塩化ナトリウムから炭酸ナトリウムを製造することに成功しました．特許権を取得したルブランは，1791年にはパリ郊外にソーダ灰の製造工場（年産 300 トンほど）を建設し，実際に生産を始めたのです．しばらくは順調に稼働していましたが，1793年にフランス革命が勃発し，オルレアン公はとらわれて刑死し，彼の財産とともにルブランの工場も接収され，特許も公開されてしまいました．それに加えて，王室と学士院からの授与されるはずの賞金も，革命政府のために一切ご破算にされてしまったのです．

1801年になって，ナポレオン一世がルブランに工場施設を返却してくれたので，ルブランは再起を図ったのですが，革命の最中に公開された特許を利用して多数の競合するソーダ灰製造業が林立し，せっかくの自分の工場も補修や改良の費用をまかなえず，貧窮の末ルブランは 1806 年に自殺してしまいました．

ルブラン法の流れ図（フローチャート）は大づかみには下記の通りです．

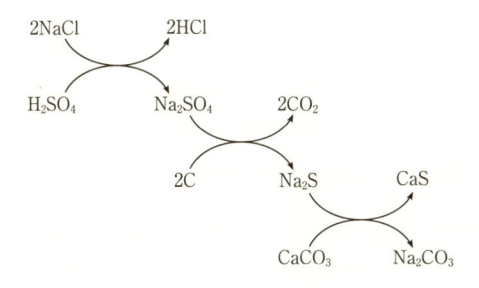

図2　ルブラン法

つまり，岩塩や海塩を硫酸で処理して，塩化水素を揮散させて除き，あとに残った塊（ソルトケーキ，不純な硫酸ナトリウム）を過剰の炭素（石炭）とレトルト中で加熱して，硫酸ナトリウムを硫化ナトリウムに還元するのです．これがルブランの考案したステップ（最初のステップはスウェーデンのシェーレが1772年にすでに報告していました）でした．第三のステップでは，ここで生じた黒色の固体（硫化ナトリウムと過剰の炭素の混合物）に石灰石（炭酸カルシウム）を加えて複分解させて，硫化カルシウムと炭酸ナトリウムの混合物とするのです．これはまだ過剰の炭素を含んでいるので，黒灰（black ash）とも呼ばれるのですが，これに水を加えて可溶性の炭酸ナトリウムを抽出し，蒸発乾固することでソーダ灰が得られます．

$$2NaCl + H_2SO_4 \longrightarrow Na_2SO_4 + 2HCl$$
$$Na_2SO_4 + CaCO_3 + 2C \longrightarrow Na_2CO_3 + CaS + 2CO_2$$

ルブラン法は本家本元のフランスよりもイギリスで大成長しました．19世紀の初頭，フランスでのソーダ灰製造は，年産にして1万トン程度だったのですが，イギリスでは1807年に最初の工場ができた当時は，塩産物に対しての古来の税法が生きていたために，とても採算が合わないと考えられていたそうです．それでも1824年に税制が改定されて，ソーダ工業は大発展し，1870年代には年産20万トンにまで成長しました．

ただ，このルブラン法によるソーダ灰製造は，現代風にいうと「環境に優しくない」化学工業の典型でもあったのです．最初の段階で大量の塩化水素ガスが放出されますし，最終段階で炭酸ナトリウムを抽出した残渣は，当時はそのまま廃棄するしかなかったのです．最終的には炭酸ナトリウムと等モルの硫化カルシウムが生じるわけで，重量で比べてみると理想的なら106：72，実際には過剰の炭素が残っているのでもっと多く，8トンのソーダ灰を得ると，7トンの黒灰廃棄物が副生することになりました．当時ですから工場の近辺に野積み状態で放置されると，降水のためにやがて硫化水素が発生します．有毒の気体である塩化水素と硫化水素が多量に環境中に放出されるのですから，周辺住民にとってはたまったものではありません．

もちろんこれに対しての訴訟が1830年代にはすでに始まっていました．それなりに対策も練られたのですが，ここで副生する塩化水素と硫化カルシウムの利用

（それぞれ漂白粉用の塩素の原料と，硫酸原料としての亜硫酸ガスへの転換）が工業的に可能となった19世紀の半ば過ぎには，新しくベルギーのソルヴェイによって発明された，もっと環境に優しいソーダ灰製造法のシェアが大きくなり，1880年代になるとイギリスでももはやルブラン法は過去のものとなってしまいました．

もっともわが国で最初にソーダ灰製造が始まったのは明治時代の中頃（1890年代）ですが，この折に採用されたのはルブラン法でした．当時のわが国としてはいわゆる「枯れた技術」の方が初めての工業生産には適していると考えられたのでしょう．

●ソルヴェイ法

19世紀も半ば過ぎの1861年，ベルギーのソルヴェイ（E. Solvay, 1838-1922）の考案したソーダ灰の製造法で，実用化されたのは1867年のことです．こちらはルブラン法と違って，有害な廃棄物をほとんど副生しません．同じように食塩（海塩，岩塩どちらでも）を原料とするのですが，全体で考えると

$$2NaCl + CaCO_3 \longrightarrow CaCl_2 + Na_2CO_3$$

のようになり，石灰石（炭酸カルシウム）と食塩（塩化ナトリウム）の複分解反応とみなせます．ただ，食塩水に炭酸カルシウムを混合してもこの反応が起きるわけではありません．普通なら塩化カルシウム水溶液に炭酸ナトリウムを加えると，炭酸カルシウムが沈殿してしまうのです．つまり逆方向の反応が優先するのです．

ソルヴェイ法の骨格といえるのは，別名をアンモニアソーダ法と呼ぶことからも推測できるように，この普通には逆方向にしか進まない反応を，アンモニアを媒介としていくつかのステップを駆使して大規模に進行させることを可能としたことにあります．

このプロセスでは，アンモニアアルカリ性にした濃厚食塩水（ブライン）に石灰石を熱分解してつくった二酸化炭素を吹き込むプロセスが一番肝要なところです．この方法で，混合溶液中で溶解度が最低である重炭酸ソーダ（重曹，つまり炭酸水素ナトリウム）が溶液から固体となって分離し，溶液中には塩化アンモニウムが残ります．この重炭酸ソーダを分け採って熱分解すると，二酸化炭素と水が脱離してあとにソーダ灰（炭酸ナトリウム）が残るのです．ここで得られた二

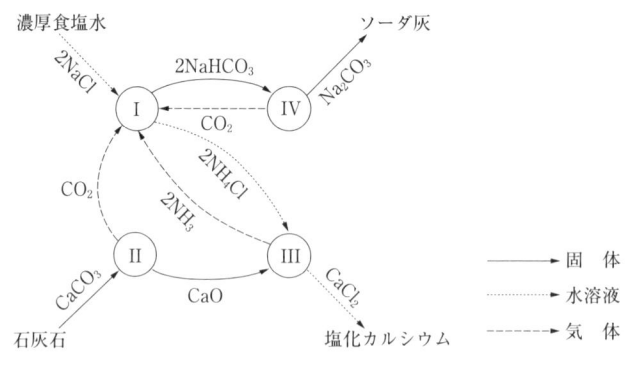

```
                 濃厚食塩水              ソーダ灰
                     ↘              ↗
                    2NaCl  2NaHCO₃ Na₂CO₃
                       ↘  ↗    ↘ ↗
                        Ⅰ ────→ Ⅳ
                        ↑  CO₂
                      CO₂  ╲  2NH₄Cl
                        ↑    ╲
                            2NH₃
                        Ⅱ ────→ Ⅲ
                       ↗  CaO    ↘ CaCl₂
                    CaCO₃            ↘
                    石灰石         塩化カルシウム

                              ──→ 固 体
                              ···→ 水溶液
                              --→ 気 体
```

図3 ソルヴェイ法

酸化炭素は，石灰石の熱分解で得られる二酸化炭素と一緒にして再びブラインに吹き込むのです．石灰石の分解で残る生石灰（酸化カルシウム）は，それ自体も貴重なアルカリ源ではありますが，重炭酸ソーダを分離したあとの残液と反応させると，塩化カルシウムとアンモニアが得られますから，理想的に反応が進行するなら結果的にはアンモニアはこのサイクルの中を循環するだけで外部には出ず，食塩と石灰石からソーダ灰と塩化カルシウムが得られる結果となります．塩化カルシウムは，不凍液の材料や乾燥剤など多くの用途がありますので，極端なことをいえばこれほど無駄の少ない工業生産法というのはかなり珍しいともいえます．先のルブラン法に比べたら，格段に「環境に優しい」化学工業プロセスが発明されたといえましょう．

なお，わが国ではアンモニアを回収せず，塩化アンモニウムの形で肥料原料として採取する改良法の「塩安ソーダ法」の方が普及しました．

このように副産物のほとんどない理想的な製造法にも弱点があるのです．それはここの中間体である重炭酸ソーダは，いくら低溶解度だといっても反応母液中にかなり溶解しているので，収率に上限があり，原料食塩の70％ほどしかソーダ灰に転換できません．これはコスト上はやはり大問題となったのです．

1930年代の末頃になって，アメリカ中西部の沙漠地帯に巨大な天然ソーダの鉱床が発見されると，大規模な採掘が始まり，価格も次第に低下してきて，ソルヴェイ法による工業生産は割が合わなくなり，アメリカでは1986年にソルヴェイ法によるソーダ灰生産はついに姿を消しました．わが国でも海外からのソーダ灰の

図中:

アンモニア蒸留　　　　アンモニア　　食塩
　　　　　　　　　　　　　　　　（塩化ナトリウム）　　水
$Ca(OH)_2 + 2NH_4Cl \to CaCl_2 + 2NH_3 + 2H_2O$ ⟶ $NaCl + NH_3 + H_2O + CO_2 \to NaHCO_3 + NH_4Cl$
　　　↑水酸化カルシウム　　塩化アンモニウム　　炭酸化
　　$CaO + H_2O \to Ca(OH)_2$　　　　　炭酸水素
　　　↑　　　　　　　　　二酸化炭素　　ナトリウム　　　　　二酸化炭素
　　　酸化カルシウム
　水　$CaCO_3 \to CaO + CO_2$　　　　　　　燃焼炉
　　　　　　1000℃　　　　　　　　$2NaHCO_3 \to Na_2CO_3 + CO_2 + H_2O$
　　　　↑
　　石灰石　　　　　　　　　　　　　　　　　　　炭酸ナトリウム
　（炭酸カルシウム）

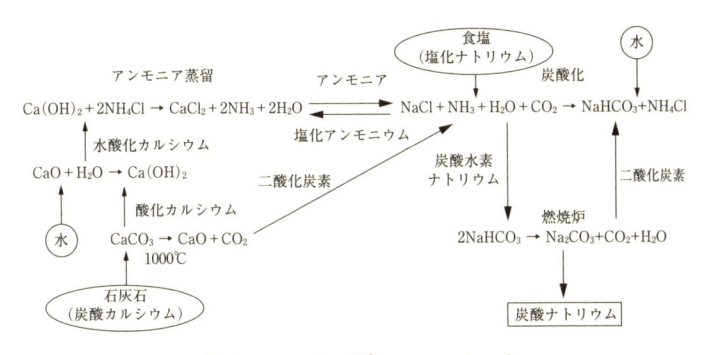

図4　ソルヴェイ法のフローシート

輸入の方が低コストとなって，ソルヴェイ法（および塩安ソーダ法）での製品のシェアはほぼ50％程度になっています．

=================== Tea Time ===================

赤道直下のアルカリ性塩湖

　タンザニアのキリマンジャロ山の北西方向の沙漠の中にも第7講「ワディ・ナトルーン」と同じように「ナトロン」湖と呼ばれる湖があります．英語では「Lake Natron」というのですが，赤道直下の乾燥地帯にある浅い鹹水湖で，キリマンジャロの北西方向約150 km，セレンゲティ国立公園との間に位置しています．溶けている炭酸ナトリウムなどのために pH は最大で10.5ほどにもなるといいます．これほどのアルカリ性湖水だと，普通の藻は生育できず，紅色の色素を含む特別な藍藻の「スピルリナ」が大量に発生することが知られています．この湖は東アフリカ最大のフラミンゴ（ベニヅル）の繁殖地でもあるのだそうで，フラミンゴはこのスピルリナを餌としているためにあの鮮やかな羽根の紅色が保たれているらしいのです（2012年に北海道の旭山動物園から逃げ出して各地で目撃例が報告されているフラミンゴは，北海道の野外の餌にはこのスピルリナがないためか，もうすっかり真っ白になっていました）．

　このナトロン湖のある乾燥した平地の南側には「オル・ドイニョ・レンガイ」という炭酸塩質の熔岩（カーボナタイトマグマ）を噴出する珍しい活火山があります．この火山の名称は「神の住み賜う山」という意味なのだそうです．いつぞや，テレビ番組の「世界ふしぎ発見」のチームがここまで撮影に行ったときには，火山の活動がおとなしく

て，クレーターの中にキャンプを張ったりしても，別に神様のお怒りにも触れず，みんな無事帰ってこれたようです．この熔岩は炭酸ナトリウムを多量に含んでいるのだそうで，これがナトロン湖の天然ソーダの源となっているらしいのですが，最近になってタンザニアでは輸出用にソーダ灰を生産する大工場をこの湖畔に建設することとなり，絶滅危惧種のフラミンゴを護れという自然保護団体との間で大論争になっているとのことです．

図5　ナトロン湖

第10講

電解質理論による整理

●イオンの始まり

　加熱融解した塩類や水酸化ナトリウム，水酸化カリウムなどに直流電流を通じることで，金属ナトリウムそのほかの，それまでは反応活性が大きすぎて空気中で調製することができないと思われていたいろいろな金属元素の単体を遊離させることに成功したのはデーヴィーの偉業でありますが，その後，いろいろな化合物の水溶液に直流電気を通じると，電気を比較的よく通すものと，ほとんど通さないものがあり，電気分解が可能となるのは「塩」に分類される化合物だけに限られることがわかりました．このときに水溶液中では何か電気を運ぶ粒子のようなものがあると考えて，これに「移動するもの」を意味する「イオン（ion）」という名称を与えたのはデーヴィーの高弟だったファラデーであります．ファラデーは，友人であったケンブリッジ大学のヒューウェル（W. Whewell, 1794-1866. 百般に通じた大学者として有名で，現在も広く使われている「科学者（scientist）」とか「物理学者（physicist）」という言葉をつくりました）と相談の上で，いろいろな電気化学の用語を制定しました．1833年のことでした．今日でも使われている電気化学用語は，ほかにもファラデーが定めたものが多数あります．たとえばelectrode（電極），anode（陽極），cathode（陰極），anion（陰イオン），cation（陽イオン），electrolysis（電気分解），electrolyte（電解質）などがそうです．

　なお，「anode」と「cathode」ですが，現在のギリシャ語でも使われている生きた言葉なのです．筆者が十数年以前，専門分野の国際学会がアテネでありました折に実見したのですが，目抜き通りにある一流デパートのエスカレータの昇り口と降り口にはそれぞれギリシャ語の大文字で「ΑΝΟΔΟΣ」「ΚΑΘΟΔΟΣ」と記してありました．これは普通のローマ字に直すと「ANODOS」「KATHODOS」になります（なお，流通企業グループの「イオン」は横文字だと「aeon」ですから

まったく無関係の名称です).

やがて，19世紀もあと4分の1を残す頃になると，当時はまだ若手であったオストヴァルト（W. Ostwald, 1853-1932），ファントホッフ（J. J. van't Hoff, 1852-1911），アレニウス（S. Arrhenius, 1859-1927）の三人によって電解質溶液についての詳しい研究が始まりました．それまでのヴォルタやデーヴィーやファラデー，リービッヒなどの業績を巧みに取り込んだ結果，無機化合物の水溶液の示すいろいろと奇妙な挙動を何とか無理なく説明できるようになったのです．

当然ながら「酸」と「塩基」についても，できるだけ広い範囲において適用可能な定義が出現しました．これがアレニウスの「酸」，「塩基」の定義にほかなりません．

● pH と pD

前に，pH は水溶液中の水素イオン（プロトン）の活量濃度の余対数（常用対数の符号を変えたもの）とご説明しました．それで，純水の常温付近における自己解離定数が 1.0×10^{-14}（この値のことをよく「水のイオン積」のように呼びます．K_W と記すことが多いのですが）であることがわかると，当然ながら純水中の陽イオンである水素イオン（オキソニウムイオン）と水酸化物イオンとの濃度は等しいはずですから，この水のイオン積の平方根が水素イオンと水酸化物イオンの濃度ということになります．つまり

$$[\mathrm{H}^+] = [\mathrm{OH}^-] = 10^{-7}$$

の関係が成り立つので，中性における pH は

$$\mathrm{pH} = -\log[\mathrm{H}^+] = 7.0$$

となることがおわかりいただけるでしょう．

ところで水素には質量数2の同位体（重水素）があります．天然自然には軽水素（$^1\mathrm{H}$）と重水素（$^2\mathrm{H}$，D とも記す）の存在比は 99.985：0.015 で，極めて微量でしかありません．でもいろいろな方法で同位体濃縮を行った結果，かなり純度の高い $\mathrm{D_2O}$ が大規模に生産されています．工業的な製造には，水の電気分解時に軽水素（$\mathrm{H_2}$）の方が重水素（$\mathrm{D_2}$）よりも発生しやすいために，大量の水を電気分解する工場（食塩水電解工業など）で電解残液中に重水素が濃縮してくることを利用し，最終的には沸点の違いによる分留を繰り返して純度がほぼ100％のもの

を得ることができます.

　当然ながら重水も自己解離するわけですが，水素の場合には質量数が2倍も違うので，ほかの元素の場合とは違ってその同位体効果はかなり大きくなります．この自己解離平衡は下のようになるはずですが，このときの重水のイオン積は下の表のようになると報告されています．

$$D_2O + D_2O \rightleftharpoons D_3O^+ + OD^-$$

　ここでは同じ温度における通常の水（軽水ということも多いのですが）の値を参考までに併記してあります．

pK_W（純水（軽水）と純重水について）

温度（℃）	10	20	25	30	40	50
H_2O	14.535	14.167	13.997	13.830	13.535	13.262
D_2O	15.439	15.049	14.869	14.699	14.385	14.103

常温付近における pK_W の違いが結構大きいことがわかります．

　これほど違うと，当然ながら中性条件も違ってきます．25℃で中性となるのは $[D^+] = [OD^-] = (K_W)^{1/2} = 7.435$ となる計算になります．

　さて，それでは重水溶液中のpDと，普通の水溶液中のpHとは同じように扱えるかどうかという問題が生じてきます．もちろん精密な数値が必要な場合には，普通に精密な測定に使用している標準水素電極の代わりに標準重水素電極を用い，参照電極も飽和甘汞電極や塩化銀電極の内部電解液を全部重水に置き換えたものを用いて測定することとなりますが，こうして得られた測定値と，通常われわれがルーティン的に測定に用いているガラス電極での測定値との換算がどうしたら可能となるかが大問題となってきたのです．

　重水の大口の用途は何といっても原子炉産業で，カナダが開発したCANDU原子炉は，名称（Canadian Deuterium-Uranium Reactor）からもわかるように重水を減速材として大量に利用しています．この場合，冷却・減速材としての重水の水質のモニタリングは極めて大事で，いろいろなデータを経常的に測定しているのですが，もちろんその中には水素イオン濃度（いまの場合ならプロトン濃度の代わりのデューテロン濃度）の連続的測定が欠かせません．この場合には，精密ではあっても取り扱い不便な標準重水素電極よりも，長期間にわたる使用の歴

史のあるガラス電極を測定に用い，得られた数値を換算できればよいのです．このときの換算値をどうするかがいまから半世紀ほど以前から問題となり，いろいろと検討が加えられた末，実際の重水素電極とガラス電極とを用いて比較測定の結果，ガラス電極の示度に 0.41 を加えた数値を pD とするのがよいという結果となったようです．［原論文：A. K. Covington, M. Paabo, R. A. Robinson and R. G. Bates, Use of the Glass Electrode in Deuterium Oxide and the Relation between the Standardized pD (pa$_D$) Scale and the Operational pH in Heavy Water, *Anal. Chem.*, **40** (4), 700-706 (1968)］

=========== Tea Time ===========

カールスベリ研究所

　古くから有名なデンマークの大ビール会社（1847 年創業）の「カールスベリ（Carlsberg）」社（昨今は国際進出のためか英語読みの「カールスバーグ」の方で知られているようですが）の創業者であるヤコブセン（J. C. Jacobsen, 1811-1887）は，早くも 1875 年に研究所（Carlsberg Laboratory）を設立し，優秀なスタッフを揃えて生化学や醸造学の研究を精力的に行ってきました．初代の所長は窒素分析で有名なケルダール（J. Kjeldahl），二代目は pH や緩衝溶液で名高いセーレンセン，三代目は蛋白質の高次構造を提案したリンデルストローム・ラング（K. U. Linderstrøm-Lang）など以下代々有名なスタッフを揃え，現在でも見事な業績をあげ続けています．この研究所は何度かの改名のあと，現在では Carlsberg Research Centre という名称になっています．下にその正面の写真を示しておきました．中央にある銅像は，創設者のヤコブセンのものです．

図 6　Carlsberg Research Centre
［Wikimedia Commons：撮影者 Kaare Dybvad］

第11講

アレニウスの酸・塩基の定義

　これは1884年にアレニウスが提案したものなのですが，
「酸」とは，水に溶けて水素イオン（無機，分析化学分野では「プロトン」という方が普通ですが）を放出できるもの
「塩基」とは，水に溶けて水酸化物イオンを放出できるもの
ということになっています．水の中での水素イオンは通常は一分子のH_2Oと結合したオキソニウムイオン（H_3O^+）の形をとっていると考えられます．水自体も前記のように非常にわずかながら自己解離を起こしてオキソニウムイオンと水酸化物イオンを生成しますので，別な表現をとるならば「オキソニウムイオンの量を増加させるものが「酸」，水酸化物イオンの量を増加させるものが「塩基（アルカリ）」ということにもなります．塩酸や苛性ソーダなどはもともとH^+やOH^-のイオンを含んでいるので，水中で電離すればそれぞれ「酸」，「塩基」となるわけですが，アンモニアのようにもともとはH^+やOH^-のイオンを含んでいなくても，水と反応して水酸化物イオンを増加させるものもこの定義だと「塩基」になりますし，逆に多価の金属イオンは，水分子を配位すると，電荷の偏りの結果プロトンを放出しやすくなるので「酸」だということになります．もっともアンモニアは通常アレニウス塩基として扱われていますが，アルミニウムやジルコニウムなどの金属イオンをアレニウス酸として扱っている例はあまりないようです．

　以前にさるネットの質問箱に「炭酸ナトリウム水溶液は強塩基だというのは納得できません．どうして弱塩基じゃいけないんですか？」という質問が出たことがあります．これは「塩基」と「アルカリ」との混同が起きているからでしょう．炭酸ナトリウムは「緩性アルカリ」に属していますけれど，その水溶液の液性（水素イオン濃度，pH）は濃度によってかなり大きく違ってくるのです．0.1 Mぐらいの水溶液ならば，pHにして11ぐらい（昔風の洗濯石鹸並み）となるはず

です．もっと濃い 1 M ほど（炭酸ナトリウムの飽和水溶液は，溶解度から計算すると常温なら数モルぐらいの濃度になるんですが）だと pH は 12 より大きくなるでしょう．ですからかなり強いアルカリ性の水溶液となるわけで，よく木材の灰汁洗いなどにはこのぐらいの濃度のものが使われました．

ですから「炭酸ナトリウムは弱塩基」であっても，それを溶かした水溶液の液性は濃度によって大きく違い，必ずしも弱塩基性（弱アルカリ性）であるとは限らないのです．濃ければ十分強力なアルカリとして作用するのです．胃液の pH は普通 2 ぐらいですが，これだって「強酸性の胃液」のように記してある医書が珍しくないぐらいですから，アルカリの場合，pH が 12 ぐらいにもなるのであれば，分野によっては「強塩基性」に分類されてもおかしくありません．でもこういう混同が起きやすいため，やはり普通には「強アルカリ性」という方が多く，「強塩基」とは区別して，つまり使い分けを現場では行っているのでしょう．

同じように，酢酸や蟻酸などはいわゆる有機酸に属し，受験化学では「弱酸」に分類されていますが，だからといって作用がいつも弱いとは限らないのです．

数年以前に関西のある町（多分大阪だろうと思うのですが，神戸だとか岸和田だったともいわれています）で，よく「ニューカマー」などといわれる，韓国からおいでになったばかりの方々の一人が，あちらでの習わしでもある「酢と塩を使う汚れ落とし」を実演されようとして，はるばる郷里から持参された薬品を使って住居の汚れ落としをされたところ，これが「氷酢酸」つまり純粋な酢酸であったために，たちまちにして指先やそのほかの接触した箇所の皮膚がズル剥けになってしまい，なかなか治らなかったというニュース記事がありました．わが国の「普通の食酢」の濃度は 4.2% ぐらいなのですが，そんな濃いものを同じように使ったら，腐蝕性がありますから大変です（このもとの試薬瓶にはハングルで「純粋な酢」を意味する字が書いてあったらしい）．薄ければ口にしても大丈夫だとしても，濃度次第ではとんでもない結果になってしまうという例は結構多いのです．

このような誤解が起きるのは「酸や塩基の濃度」と「酸や塩基の強さ」というものの違いが，テキスト類においても明確に説明されていないし，教える先生方も，「そんなこと今更講義しなくたって，当然わかっているんだよね」ということで話を進めていらしてきた結果なのかも知れません．たしかに使用できる術語な

どが限られていると，初学者にとってはこの違いをきちんと理解していただくのは難しいからだろうとも考えられます．また，「強酸性」とか「弱塩基性」，「弱アルカリ性」などという言葉を実際に使う場合，分野によってその指す内容に違いがかなりあるということも，現実にはかなり大事な問題であるのです．

これらについてはもう少し詳しく（定量的に）説明する必要があると存じますが，いきなりそんな厄介な方面からのアプローチをしても得策ではありませんので，あとの「酸の濃度と酸の強度」のところをご参照下さいますように．その前に必要となるいろいろな基礎事項や術語の説明などが済んでいないと，必要以上にもってまわったややこしい記述になってしまいがちなのです．

========== Tea Time ==========

梘水（かんすい）

その昔からの中華麺類は，華北名産の小麦を粉に挽いたものを，万里の長城の北側の内蒙古方面からくる天然ソーダの水溶液で捏ねてつくっていました．わが国産のうどんや素麺と違って，独特の黄色系統の色調をしているのはそのためなのです．この天然ソーダの水溶液のことを「梘水（かんすい）」といいます．これで捏ねてつくった麺類は，まさに文字通りの「アルカリ性食品」のはずなのですが，横浜の中華街や神戸の南京町あたりで「本場ものの梘水仕立ての麺」を宣伝文句にしている料理店があるのは，こればかりは日本では産出しないからです．ところが一時期，この「梘水」がヒトの健康に害があるという説が出現し，いわゆるトンデモ学派の「買ってはいけない」食品のリストにあげられたりもしました．一方では「梘水」を使用していないことを売り文句にした中華麺系の商品すら出現したのです．でもこれは「悪徳業者が炭酸ナトリウムの代わりに水ガラス（ケイ酸ナトリウム）を使用した」というウワサ（デマ？）が拡大した結果だったらしく，いまではこのクレームもすっかり沙汰止みになってしまいました．

こうしてつくった練り粉を手で引き延ばし，長く細くしたものを北京近郊の土地言葉では以前「拉麺（ラーミェン）」と呼んだ（「拉」は手で引っ張るという意味です）ので，これが日本に持ち込まれていろいろと変化したものが，各地名産の「○○ラーメン」になったのだといわれます．最近ではご本家よりも有名になって，彼の地からの団体旅行客が，新横浜にある「ラーメン博物館」へやってきて，あまりのヴァラエティの多さに仰天し，「全種類を食べてみるまで何回も横浜に行きたい！」という声が高くなって，台湾あたりでは日本の観光ツアーでのお目当て箇所の一つになったということです．ラーメン博物館

の画像を紹介しておきましょう（図7）．

なお，別項にも記した沖縄名産の「ソーキソバ」は，「ソバ」を名乗っているものの小麦粉が原料で，これをアルカリ性の木灰（ガジュマルの木を燃やしたあとに残る灰がいいのだそうです）の水溶液で処理してつくるので，日本の法律では「中華麺」に分類されているそうです．もちろん南国の沖縄のことなので，内蒙古産の「梘水」などは使われていませんが，アルカリ源は炭酸カリウムになっています．地元産の木の灰にはいろいろと微量金属イオンが含まれているために，いわゆる中華麺とはずいぶん違った味わいのものに仕上がっています．

図7　ラーメン博物館
館内の昭和の雰囲気が再現された階は薄暗くなっています．
［Wikimedia Commons：Douglas P Perkins による］

第12講

酸性紙問題と加水分解

　この「酸性紙」問題も，一時期マスコミ関連を巻き込んで大騒ぎになりましたが，忘れっぽいメディア世界の常，いまでは関連の記事を目に（耳にも？）することが少なくなりました．だからといって問題が解決されたわけではなく，欧米諸国では現在でも図書館などでの大問題となっているのです．

　わが国には，奈良時代につくられた紙が現在でもほとんどそのまま保存されていますし，シルクロードの敦煌そのほかの遺跡ではもっと以前（紀元前，前漢の武帝の御代）の紙の遺物すら発見されています．

　よく後漢の蔡倫（50?-121?）が紙の発明者といわれているのですが，実は「紙」はもっと以前から作られていて，その材料や製法を大改良し，今日の和紙や唐紙などと同じように，身近な材料（しかもリサイクル）で大量に生産可能としたのが蔡倫の手柄だったといえるのです．つまり蔡倫は「現代の紙」の発明者として讃えられるべきなのでしょう．当時の鄧皇后（和帝の皇后で賢明の名が高かった）が，献上品として「紙と筆」以外のものは許可しなかったということも大きな助けになったと思われます．

　ですからわれわれは，紙は何千年間も保存可能なものだろうと長いこと信じてきました．別に和紙や唐紙でなくとも，エジプトではやはり紀元前千何百年昔のパピルス文書がほとんど原型のまま保存されていて，洋の東西を問わず保存性には何一つ問題などないと長いこと信じられてきたのです．

　西洋で紙がつくられるようになったのは，東洋に比べるとずいぶんおくれていました．タラスの合戦（751年，唐の軍勢とイスラムの軍勢との間での，当時の天下分け目の戦い）の折に，捕虜となった唐の紙漉の職人が，サマルカンドなど現在の中央アジア各地に抑留され，現地でいろいろな材料を集めて苦心して紙をつくることを試みたのです．

もともと水に乏しい乾燥地域の中央アジアですから，その苦労たるや大変だったと思われますが，やがて，職人たちはバグダードの都に呼び寄せられ，コーランをはじめとする経典の筆写材料（当時はまだ印刷はできませんでした）の作製のために粉骨砕身させられることになりました．でも聖典の書写材料ですから，いくらあっても不足するのは当然のこと，やがて徒弟を養成し，彼らはイスラム圏各地に居を構えて製紙業を広めるようになりました．当時のイスラム世界の西の果てはイベリア半島で，コルドバには立派な大学もでき，当然ながら大量の書物が必要とされたわけですから，お得意様には事欠かなかったのです．

その後，15世紀のカトリック両王（イサベラ女王とフェルナンド王）の治世となって，イスラム教徒はジブラルタル海峡の南へと移住しましたが，製紙業は相変わらずスペインの独占的な産業でありました．

18世紀に活躍したフランスの大学者レオミュール（R. Reaumur, 1683-1757）はニュートン（1642-1727）よりもほぼ一世代あとの時代に活躍したフランスの大学者で，「18世紀のプリニウス」という異名があったほど百般に通じた大先生として有名だったのですが，彼の業績で今日まで大きな影響を残しているものの一つとして「紙（洋紙）の製造」があるのです．伝えによるとアシナガバチの巣作りを観察していて，木材を磨砕してパルプをつくり，これを原料として良質な紙を安価・大量に製造できるように工夫したといわれます．レオミュールは，このときに磨砕して得られるセルロースの懸濁液に，サイジング剤として明礬，のちには硫酸アルミニウムを添加することで，実用に耐える紙を製造することに成功しました．その結果，フランスは一躍製紙業大国となったといわれます．それまでは上述のようにイスラム諸国伝来の技術によっていたため，製紙業はもっぱらスペインの独占するところでした．ニュートンの『プリンキピア』の初版（1687）の印刷部数はわずか250部であったというのも，当時のヨーロッパ諸国での製紙業の貧弱さが一つの原因だったことがわかります．

さて，こうしてできた紙（洋紙）ですが，サイジング剤に使われているアルミニウム塩が，長時間のうちにセルロース分子と反応することで水素イオンを生じるようになります．つまり紙自体が水素イオン供与体（つまり「酸」）となるわけで，これが紙本体を破壊するように働くのです．これが「酸性紙問題」の本体です．ここで酸の本体である水素イオンが生じるのは，下記のようなエステル化反

応なのです．

セルロースの分子構造の一部

$$2\left(\begin{array}{c}|\\ HCOH\\ HCOH\\ |\end{array}\right) + Al(OH)_3 \longrightarrow \begin{array}{c}|\quad\quad|\\ HCO\quad OCH\\ \quad\diagdown Al \diagup\\ HCO\quad OCH\\ |\quad\quad|\end{array} + H^+ + 3H_2O$$

ところが，つい最近までのマスコミ記事では，「サイジング剤に使用している硫酸アルミニウム分が加水分解を起こし，その結果として硫酸が生じるのが酸性紙問題の根源である」と盛んに書き立てていました．つまり下のような反応が起きた結果だというのです．

$$Al_2(SO_4)_3 + 6H_2O \longrightarrow 2Al(OH)_3 + 3H_2SO_4$$

これはいまの高校のテキストをご覧になればすぐに間違いだということがわかるのですが，大新聞の記者各位も，いまから七〜八十年以前（旧制中学時代？）の化学のテキストをご覧になってから以後の改訂は一切目にされていない（あるいは故意に無視している？）ためなのでしょう．

実は硫酸アルミニウムの水溶液が酸性を示すのは，硫酸が生じるわけではなくて，アルミニウムの水和イオンから水素イオンが放出されるからなのです．つまり

$$[Al(OH_2)_6]^{3+} \rightleftarrows [Al(OH_2)_5OH]^{2+} + H^+$$

のような平衡が存在するので，放出される水素イオンのために酸性が現れるのです．この現象は「オール化」ともいわれるのですが，多価の金属イオンの場合にはよくみられ，組成の決まった塩基性塩が単離されている例も少なくありません．つまり多価の金属イオンはアレニウスの酸として挙動するわけですが，これは次のような構造を考えると理解しやすいかも知れません．

$$Al^{3+}\text{-}OH_2 \longrightarrow [Al\text{-}OH]^{2+} + H^+$$

つまりアルミニウムイオンに配位している酸素の電子雲が，電荷の大きいアルミニウムの方に引き寄せられるので，水素原子との結合が弱くなり，容易に解離して水素イオンを放出することが可能となるのです．

= **Tea Time** =

ハンニバルの岩石破壊

　紀元前3世紀，地中海の覇権を争ったローマとカルタゴの間で永年にわたって戦われた「ポエニ戦役」の折，カルタゴの名将ハンニバルがローマ攻略のために軍勢を率いて（象を一緒につれての行軍だったそうです）アルプス越えをしたとき，道を塞いでいた岩石に酸を注いで溶かしたという話があります．

　この話はあちこちに引用されていて，虚実のほどはあまりはっきりしないのです．中には「acidum」（酸）と「acuto」（鋭い）の転写ミスだろうという説もあるぐらいですが，比較的最近刊行されたアドリエンヌ・メイヤー女史の『驚異の戦争——古代の生物化学兵器』（講談社文庫）にある考察をみると，ヨーロッパアルプスの山で，山道の障害となっていた巨大な石灰岩の落石の上に燃料を積み上げて火を焚き，そのあとに酢を注いで岩塊を砕いたというのが本当らしいということです．これならば，石灰岩の主成分である炭酸カルシウムのかなりの部分が熱分解して酸化カルシウム（生石灰）となり，当時の酸（ハンニバルの時代では今みたいな無機の強酸はまだつくられていなかったので，酢酸か酒石酸の水溶液（つまり酸敗したワイン）ぐらいでしょう）と激しく反応して，中和熱で岩にヒビを入れるぐらいのことは可能だったろうと思われます．普通の炭酸カルシウムでは，酢酸ぐらいではそんなに激しく反応しませんから，岩石を砕くのは無理ですが，加熱して酸化カルシウムに変えたあとなら，激しい反応となっても不思議はありません．でもオープンな山の上で火を焚くとしたら，加熱効率はかなり低かったでしょうし，酸を入れた容器を運ぶのも，いくら象を使ったとしても大変だったろうとは思われます（もっとも呑むに耐えなくなったワインを転用したのかも知れません）．

第13講

ブレンステッド-ローリーの酸と塩基

　上記のアレニウスの酸と塩基の定義は，諸兄姉が小学校から中学校までの理科で学ばれた範囲の物質を扱うには極めて便利で，これ以上のものはちょっとないようにすら思えます．でもそんなに便利なら，ウチの分野でも同じように使いたいという要求の出てくるのは世の中の流れです（これは現在のSI単位におけるモルなどの諸単位の使用される分野の拡大をみればおわかりいただけるでしょう）．それに化学の扱う内容がだんだん広がってくると，水溶液だけに限られているこの定義では不便な場合もよくあるのです．

　デンマークのブレンステッド（J. N. Brønsted, 1879-1947）とイギリスのローリー（T. M. Lowry, 1874-1936）が，1922年に二人でそれぞれ独立に提案した新しい酸と塩基の定義は次のようなものです．

　「酸」とは，H^+を与える物質（つまりプロトン供与体）

　「塩基」とはH^+を受け入れる物質（つまりプロトン受容体）

であるというのです．この定義に当てはまる酸を「ブレンステッド酸」，塩基を「ブレンステッド塩基」ということもあります．これならば，解離可能な水素を含む化合物一切について，水溶液に限ることなく適用可能な便利な定義であるといえます．つまりアレニウスの定義を包括して，もっと広い領域で適用可能となったのです（無機・分析化学で「プロトン」という場合には，ほとんどが水素イオンを意味します．有機化学ではもう少し広く，化合物中の水素原子という意味で使われています．原子核物理学や素粒子論などでいう「プロトン」すなわち水素の原子核という意味ではないことに注意して下さい）．

　化学およびその関連分野において，何の断りもなく「酸」という言葉が出てきた場合には，ほとんどがこのブレンステッドの酸の意味です．一方「アルカリ」ならばブレンステッドの塩基よりはアレニウスの塩基（つまり水溶液系での）を

意味するものとして使われる方が多く，「塩基」はやや改まった場合にブレンステッドの塩基を意味するものになっているようです．

いまのブレンステッドの定義に従うこととして，一般に，酸を HA，塩基を B で表すと，その間の反応は次のような化学方程式で表現することが可能です．

$$HA + B \rightleftarrows A^- + HB^+$$
$$\text{酸}\quad\text{塩基}\quad\text{共役塩基}\quad\text{共役酸}$$

ここで，A^- は酸 HA の共役塩基 (conjugate base)，HB^+ は塩基 B の共役酸 (conjugate acid) と呼ばれます．つまり逆反応が起きるならばそれぞれ A^- は塩基，HB^+ は酸として働くことになるからです．

たとえば塩化水素 HCl を水に溶かしたときを考えましょう．このときには HCl が酸として働いて H_2O に H^+ を与えることになります．H_2O は塩基として働いて H^+ を受け取るので，その結果として塩化水素の共役塩基である塩化物イオン Cl^- と，水の共役酸としてオキソニウムイオン H_3O^+ が生じることになるのです．

$$HCl + H_2O \rightleftarrows Cl^- + H_3O^+$$
$$\text{酸}\quad\text{塩基}\quad\text{共役塩基}\quad\text{共役酸}$$

いまの塩化水素の水溶液はお馴染みの「塩酸」なのですが，塩酸のような酸の場合には，上の化学平衡は著しく右に片寄っていて，水に加えた分の HCl に相当した分のオキソニウムイオンができます．つまり未解離の HCl はほとんど残っていないのです．このような酸が「強酸」と呼ばれるもので，添加した試薬のモル数（よく「仕込み量」といういい方を好まれる向きもありますが）に等しい分のオキソニウムイオンが含まれているものとして扱うことができます．同じように，水酸化ナトリウムや水酸化バリウムなどの場合には，仕込み量に相当した水酸化物イオンが生じるのです．そうしますと，水の中ではオキソニウムイオンよりも強い酸はもはや存在できなくなりますし，水酸化物イオンよりも強い塩基も存在できません．この現象をよく「水準化効果」といいます．

でも，酢酸や炭酸などの場合には，水溶液にしてもその中でオキソニウムイオンと酸の陰イオンになる割合はずっと小さくなります．たとえば酢酸の場合，純水に添加するとオキソニウムイオンを生じることは同じですが，その割合はずっと小さく，常温の場合では高々1％ほどしかありません．

$$CH_3COOH + H_2O \rightleftarrows CH_3COO^- + H_3O^+$$

このように，水中でオキソニウムイオンを部分的にしか生じないような酸を「弱酸」といいます．これに対し，全部がオキソニウムイオンになってしまうような酸を「強酸」といいます．同じように塩基の場合でも，溶かし込んだ化合物の全部が解離して水酸化物イオンを与えるものが「強塩基」，一部しか与えないものが「弱塩基」となります．これを整理してみると，強酸の共役塩基は弱塩基，弱酸の共役塩基は強塩基ということになります．同じことになりますが，強塩基の共役酸は弱酸で，弱塩基の共役酸は強酸となります．

いろいろな弱酸の水溶液においては，水分子との解離平衡が成立していますので，弱酸を HA，その共役塩基を A^- で表すと，酸の濃度（添加したときの全濃度）を「c」，解離度を「x」とすれば

$$HA + H_2O \rightleftarrows H_3O^+ + A^-$$
$$c(1-x) \qquad\qquad cx \quad\ \ cx$$

のようになり，ここの平衡定数 K_A は

$$K_A = \frac{[H_3O^+][A^-]}{[HA]} = \frac{cx \cdot cx}{c(1-x)} = \frac{cx^2}{(1-x)}$$

のようになります．この K_A のことを酸解離定数というのですが，温度と圧力が一定ならば定数となる，いわゆる条件定数の一つでもあります．普通の場合にはずいぶん小さい値になるので，水素イオン濃度（pH）と同様に余対数（常用対数の符号を変えたもの）で表すことが多く，この場合には pK_A のように記します．読むときには「ピーケイエイ」のように英語式に読むのが普通で，ドイツ式の読み方はほとんど使われません．酢酸の場合，0.1 mol/L 水溶液の20℃での解離度が1%だとしますと，上の $c=0.1$，$x=0.01$ となるので，先の式に代入すれば

$$K_A = \frac{cx^2}{(1-x)} = \frac{0.1 \times 0.01^2}{(1-0.01)} \approx 10^{-5}$$

したがって

$$pK_A = -\log(10^{-5}) = 5.0$$

となります．

よく「塩酸と硝酸はどっちが強酸なのか」という疑問を抱かれる方がおいでなのですが，同じモル濃度の強酸の水溶液なら，その中に存在しているオキソニウムイオンの濃度は等しいので，どちらが強いかということは問題になりません．

このような疑問が生じるのは，いくつかの解説書や辞典類で，酸の強度と酸の濃度を混同した（むしろきちんとした解説のないままの）説明がなされているかららしいのです．「酸の強度」は，どのぐらいプロトンを放出しやすいかという尺度なので，弱酸の場合には解離して生じるオキソニウムイオンの割合から求めた解離定数（pK_A）を比べることができますが，強酸の水溶液の場合にはこれは無意味（全部が同じようにみなオキソニウムイオンに変化してしまう）なので，これらを比較するためには後述の「酸度関数」を尺度とする必要があります．「超強酸」などといわれるのもこれでなくては比較できません．

また，いくら弱い酸でも，極端に希釈してしまうと，溶液中の水素イオン濃度は強酸を希釈した場合とほとんど違わなくなってしまいます．上の酸解離定数 K_A の式の右辺に「c」つまり濃度が入っていることからも推算できると思いますが，濃度が小さくなると解離度 x はどんどん大きくなって 1 に近づいていきます．これについてはあとで紹介する「フロートのダイアグラム」の項をご参照下さい．

水溶液の場合，この pK_A が大きいほど弱い酸であるということになります．比較的馴染みのあるいくつかの酸についてこの K_A と pK_A を表にしてみます．

酸解離定数の表（25℃での値）

酢酸	$K_A = 2.95 \times 10^{-5}$	p$K_A = 4.53$
乳酸	$K_A = 1.55 \times 10^{-4}$	p$K_A = 3.81$
ホウ酸	$K_A = 1.12 \times 10^{-9}$	p$K_A = 8.95$
シアン化水素酸（青酸）	$K_A = 6.02 \times 10^{-10}$	p$K_A = 9.22$
安息香酸	$K_A = 1.02 \times 10^{-4}$	p$K_A = 3.99$
尿酸	$K_A = 1.58 \times 10^{-6}$	p$K_A = 5.80$
ベロナール（ジエチルバルビツール酸）	$K_A = 3.7 \times 10^{-8}$	p$K_A = 7.43$
フェノール（石炭酸）	$K_A = 1.66 \times 10^{-10}$	p$K_A = 9.78$
トリフルオロ酢酸	$K_A = 0.5$	p$K_A = 0.3$
炭酸（第一解離）	$K_{A1} = 4.57 \times 10^{-7}$	p$K_{A1} = 6.34$
炭酸（第二解離）	$K_{A2} = 5.62 \times 10^{-11}$	p$K_{A2} = 10.25$
酒石酸（第一解離）	$K_{A1} = 1.04 \times 10^{-3}$	p$K_{A1} = 2.98$
酒石酸（第二解離）	$K_{A2} = 4.57 \times 10^{-5}$	p$K_{A2} = 4.34$
フタル酸（第一解離）	$K_{A1} = 1.29 \times 10^{-3}$	p$K_{A1} = 2.89$
フタル酸（第二解離）	$K_{A2} = 3.09 \times 10^{-6}$	p$K_{A2} = 5.51$
クエン酸（第一解離）	$K_{A1} = 7.24 \times 10^{-4}$	p$K_{A1} = 3.14$
クエン酸（第二解離）	$K_{A2} = 1.70 \times 10^{-5}$	p$K_{A2} = 4.77$
クエン酸（第三解離）	$K_{A3} = 4.07 \times 10^{-7}$	p$K_{A3} = 6.39$

図8 遊離酸の存在比

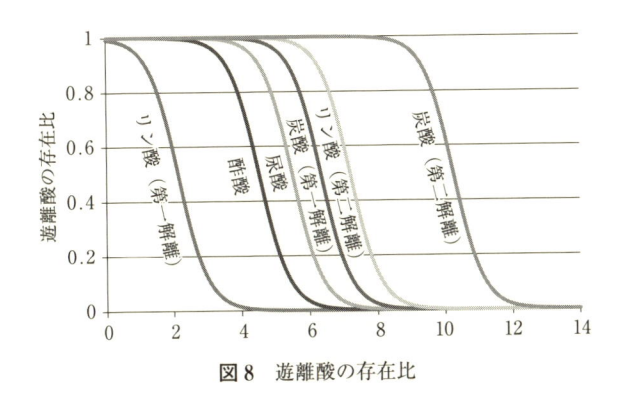

　ここに掲げた酸の中では，トリフルオロ酢酸が一番強い酸です．pK_A が一番小さい（K_A が大きい）のですが，それでも計算してみると，0.1 mol/L の水溶液でもおよそ70%弱しか解離していません．塩酸や硝酸などのように，ほとんどが解離してしまう強酸とはずいぶん様子が違っていることがわかります．表の中のほかの酸だと，何万倍にも希釈しない限り，ほとんどが遊離酸の形になっていることがわかります．

　同じように塩基の場合にも，強塩基と弱塩基が存在します．水酸化ナトリウム（苛性ソーダ）や水酸化カリウム（苛性カリ）が強塩基の典型ですが，弱塩基としてはアンモニアや有機のアミン類があげられます．

　実際に，いくつかの弱酸水溶液の pH を変化させたとき，遊離酸の存在比がどのように変化するかをグラフにしてみましょう（図8）．右下がりの S を引き延ばしたような曲線（シグモイドカーヴといいますが）が平衡移動した形で並んでいることがおわかりいただけると思います．

　この図で右から三番目の曲線は炭酸の第一解離で，普通の血液の pH だと，遊離炭酸（$H_2CO_3 + CO_2$）と炭酸水素イオンとの割合はほぼ 1：20 ぐらいになっています（厳密なことをいうと，この解離曲線は 25℃ での酸解離定数の値を使った計算値なので，ヒトの体温（37℃）においては多少は違ってきますが，大づかみにはこのままで構いません）．

━━━━━━━━━━━━━━━━━━━━━ Tea Time ━━━━━━━━━━━━━━━━━━━━━

ソーダの上に酢を

　同じように天然ソーダを取り上げている『旧約聖書』のソロモンの箴言の第25章20節には

「心の傷める人の前に歌をうたふは寒き日に衣をぬぐがごとく曹達(ソーダ)の上に酢を注ぐがごとし．」

という有名なくだりがあります．ここの原文（旧約聖書はもともとヘブライ語だったといわれていますが）はラテン語で

　Sicut exuens pallium in die frigoris, sicut acetum in nitro, qui cantat carmina cordi tristi.

のようになっているのですが，ネットそのほかで拝見する現代語での注釈をみるとずいぶんヴァラエティがあって，これがほんとうに同一の原文に対応しているのかどうか疑わしいと素人眼にも思われます．ただここでの「寒き日に衣をぬぐ」というのは，原文が「exuens」なので，「奪ひ取る」か「剥ぎ取る」の方がぴったりした日本語だと思われます．つまり残酷な所業のたとえなのです．英語訳では「傷に塩をすり込む」と意訳してあるものもあるそうですが，その次の「曹達の上に酢を注ぐ」というのは，せっかくの洗濯，清浄用の貴重な薬品（当時のヘブライ語圏では，エジプトあたりからの高価な輸入品でした）を無価値にしてしまうことを意味しているはずなのです．つまり，アルカリ性だから洗浄作用があるわけで，中和してしまったら効き目がなくなってしまうということなのです．

　この頃は信徒獲得のためなのでしょうが，各地の教会の神父様や牧師様がご自分の説教をネットで公開されたりしていて，中にはずいぶん参考になる懇切な解説があってありがたいのですが，おどろいたことに，さる教会の牧師様の注釈では，「飲料水に酢を加えて飲めなくしてしまうことだ」と書いてありました．

　いくらなんでもこれは曲解でしかありますまい．通常の水に普通の食酢を加えたぐらいでは飲めなくなることはまずありません（いわゆるフルーツビネガーなど，水で希釈して飲用するようですが，かなりの濃度（酢酸にして2〜3％ぐらい）であります）．まさか「ウリスト教」的解釈（対馬の向こうのお国では，その昔からの「他人の飯には灰を混ぜろ」なんていう教えがあるのだそうです）ではないだろうと思うのですが，かのお国では食酢と酢酸（氷酢酸）を通常はあまり明確に区別しないようなので，氷酢酸を添加したのであれば飲めなくなっても不思議ではありません．

第14講

溶存化学種と水素イオン濃度の関連

　弱酸とその解離によって生じる共役塩基の存在割合を，pH の関数で示したものが，その昔の分析化学のテキストなどにはよく掲載されていました．現在では表計算ソフトウェアが使えますので，この曲線を描かせることはそんなに難しいことではありません．ここで便利なのは，前にもあげた平衡定数の式

$$K_A = \frac{[H^+][A^-]}{[HA]}$$

を変形して得られる

$$\mathrm{pH} = \mathrm{p}K_A + \log \frac{[A^-]}{[HA]}$$

という式です．この式は，薬学や生化学の方ではよくヘンダーソン-ハッセルバルク（Henderson-Hasselbalch）の式と呼ばれていますが，もともとがアメリカの生理化学者ヘンダーソン（L. J. Henderson, 1878-1942）とデンマークの生化学者ハッセルバルク（K. A. Hasselbalch, 1874-1962）によるもので，上のように整理された形で提案されたのは 1908 年のことでした．ですが通常の物理化学偏重のテキスト類では，便利な名称があるということすら触れられていません．Hasselbalch の読みは，テキストによってはハッセルバルチだったりハッセルバルヒだったりしますが，元のスペルさえ正しければどれでも構いません．これはそれぞれの分野での何十年も昔の大御所の読み癖が残っているからです．

　解離の度合い（前に記した「x」ですが）は，先のヘンダーソン-ハッセルバルクの式に代入・変形すると容易に求められますので，横軸に pH を，縦軸にいまの「x」をとっていくつかの酸についての状況を示してみましょう．

　雨水などは逆に，空気中の二酸化炭素を溶かし込んではいるものの，中和してくれるような塩基性の気体は大気中には乏しいので，ほとんどが遊離炭酸（H_2CO_3

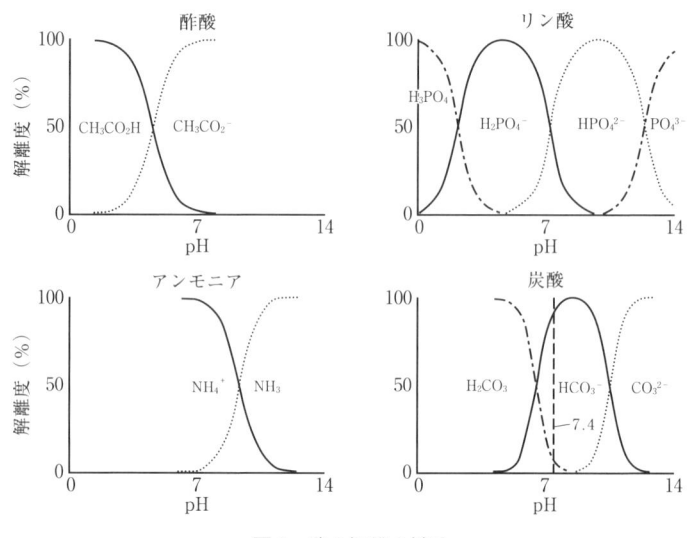

図9 酸の解離の様子

+CO_2) の形になっています．ですから，pH が 5.8〜6.0 ぐらいになっていてもおかしくありません（というか，むしろ当たり前なのです）．これを上の曲線上で見ますと，炭酸の第一解離曲線の左側で，ほとんど解離が起きていない領域に当たります．ですから，これに大気汚染源であるノックス（NO_x）やソックス（SO_x）など，つまり窒素酸化物や硫黄酸化物がここに混入してくると，これらの水溶液は強酸となりますので，緩衝能力の極めて小さい雨水の場合には，ごくわずかでも pH を大きく下げてしまいます．こうして発生するのが「酸性雨」なのです．つまり pH＝5.8 ぐらいなら正常の雨水なのですが，これより pH が小さくなったら，当然ながら強酸性の汚染源の寄与があるということになるのです．

══════════════════ **Tea Time** ══════════════════

食品の「あく」や「渋」の除去
　調理操作にはよく「あく抜き」とか「あく取り」という指示があります．ですが，これは必ずしも同じものを指しているとは限らないのです．動物性のもの（肉類）の場合と，

植物性のもの（山菜など）との場合では，言葉が同じでも実際に指しているものは大きく違います．もともとフランスなどヨーロッパでの料理では，スープなどで透明度の高いもの（コンソメの類）を珍重するようになった歴史は比較的新しく，むしろ適度に濁っている方が美味しそうに見えるものだったといわれます．これは中国でも同じだったようで，明治大学教授の張競先生が，御郷里の上海から日本に初めておいでになって，京都で懐石料理を供されたとき，吸物椀の中に無色透明なスープが入っていて，白身の魚の切り身が沈んでいるだけのものが出てきて，「果たしてこれは料理なのか」とすら不思議に思ったそうです（現代中国では，単にゆでただけのものは料理には分類されず，調理素材としての扱いなのだそうです）．でも口にしてみたときのおどろきは並大抵のものではなかったという経験談を御著書『中華料理の文化史』（ちくま文庫）の中で記しておられました．

　もともとわが国の料理は，動物性の油脂由来の油っこさや獣臭さを極度に嫌う伝統があり，ゆでこぼして浮き上がった油脂分や水溶性の蛋白質などで，不快なテクスチュアを与えて微妙な味を損なうものをつとめて除去するのが本来でした．ですからそのためにいろいろな器具も工夫され，網杓子やナイロン製の刷毛などの専用の器具のほか，最近では専用の紙に吸い取らせて除く手法も採られています．

　ですから，渋さなどの不快な味を与える植物性の「あく」（こちらはシュウ酸分やホモゲンチジン酸，タンニン酸などいろいろなものが含まれますが，おもに有機酸分）とはまったく別の成分なのです．こちらは昔風なら木灰の浸出液（灰汁），いまなら重曹水で煮沸してあく取りをします．これは同時に除毒処理をも兼ねている場合もあり，ワラビの有毒物質のプタキロシドは，別項に記したようにこの弱アルカリ性の熱水処理で容易に分解されてしまいます．

　普通の蔬菜類は，原種からつとめてこの「あく」分の少ないものを選別，改良してつくられてきたものですが，山菜類や野草の場合にはやはり灰汁（いまなら重曹水）での処理をしてからでないととても口にできません．柿の渋抜きは，可溶性であった低分子量のタンニン酸分をいろいろな方法で重合，不溶化させることなのです．もっともタンニン分が不溶性になる（つまり甘柿として熟する）には，日照時間と温度の積算値が重要なので，東北地方も北の方では，富有柿や次郎柿などの甘柿を植えても果実は渋いままなので，いろいろな渋抜き方法が開発されました．

　山東省名産の青島柿は平たい形に乾し上げたものが輸入されていますが，これも生では渋くてとても食べられないのだそうです．

第15講

緩衝溶液と緩衝容量

　先の弱酸の溶存化学種のpHによる変化の図ですが，ベロナールを例としてこの図を90°回転してみたものが図11です．これは実は容量分析でよく出てくる「滴定曲線」にほかなりません．滴定曲線の場合には，横軸を大きく広げて描くことが多いのですが，この場合，ちょうど半分中和した付近においては，酸やアルカリを加えたときのpHの変化が極小になります（これは微分してみればわかるのですが，この本は数学のテキストではありませんから結果だけ記すことにしましょう）．このようなpHの変化しにくい溶液を「緩衝溶液」といいます．

　この滴定曲線をよく見ると，ちょうど半分中和された領域付近では，加えた塩基の量に対するpHの変化が著しく小さくなっていることがわかります．つまり，半中和点においては[HA]＝[A⁻]となるので，この領域では，強塩基や強酸を多少添加しても，溶液のpHはさほど変化しません．このような溶液を「緩衝溶液」というのですが，われわれの身の回りや身体の中においてもいろいろと重要な働きをしているのです．臨床診断試薬などで，体液とあまりpHの違わない条件での試験が必要な場合にベロナール緩衝液がよく用いられるのは，上の曲線からもわかるようにヒトの血液のpH（7.4付近）において，緩衝能力が最大となっていることが利用されているのです．緩衝溶液のpHは，溶液中の遊離酸と解離して生じたイオンとの比によって定まることがわかりますが，このときのpHを表現する式は，酸の濃度を[HA]，解離して生じたイオンの濃度を[A⁻]で表すと，前記のヘンダーソン–ハッセルバルクの式がそのまま使えます．

$$\mathrm{pH} = \mathrm{p}K_A + \log \frac{[\mathrm{A}^-]}{[\mathrm{HA}]}$$

このような溶液は，遊離酸と解離したイオンの濃度比だけで，pHが決まるのです．ここの対数をとる比，つまり遊離酸と解離した陰イオンの濃度比のことを

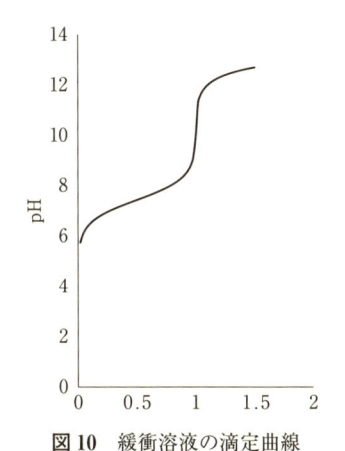

図10 緩衝溶液の滴定曲線
横軸は中和度（加えた塩基の当量数／元の溶液中の当量数）

「濃度商」ということもありますが，本来の「濃度商」は平衡定数計算で用いるもっと複雑な累乗を含むものを指すので，「このような使い方は間違いである！」といわれる老先生方も居られることに注意しておく必要がありそうです．「濃度比」ならばこの手のウルサイ先生も文句はおっしゃらないはずですが．

緩衝指数は別名を「緩衝能」ともいい，分野によってどちらをおもに使用するかが決まっているようです（もっともそのためにしばしば混乱が起きるらしいのですが）．最初はアメリカの大生化学者ヴァン・スライク（D. D. Van Slyke, 1883-1971）が提案したものですが，いまの緩衝溶液に使われている弱酸 HA（解離定数 K_A）とその塩のモル濃度の合計を C として，これに塩基（水酸化物イオン）を添加したときの pH の変化分(dpH)と，塩基の量の増加分 dB(mol/L)との比を指しています．次の式で表される β に相当する量です．

$$\beta = \frac{dB}{dpH} = \frac{2.303 K_A C [H^+]}{(K_A + [H^+])^2}$$

酸の場合には pH は低下するわけですから，この場合には変化分は $-dB$ となり，pH の変化分も $-dpH$ となります．つまり β は常に正の値をとるのです．これは pH の値を 1 だけ変化させるためにはどのぐらいの酸，または塩基を添加しなくてはならないかを示す量で，当然ながら緩衝液の成分濃度に比例しますが，上の式で $C=1$ としたときの緩衝能を β_M で表し，モル緩衝能（以前は分子緩衝能

と呼んだこともありました）と呼びます．β の値はヘンダーソン-ハッセルバルクの式に含まれていた濃度商の項が 1 となるとき，つまり弱酸とその共役塩基のモル濃度が等しいときには $\mathrm{pH} = \mathrm{p}K_\mathrm{A}$ となるわけですが，このときに β の値が最大となることがわかります．そこで $[\mathrm{HA}] = [\mathrm{A}^-] = 0.5$ という条件ならば，ちょうどこの条件が満足されるわけですが，このときの β_M は 0.575 という最大値をとります．もともとの緩衝溶液の pH は濃度比によって定まるので，上の式の C，つまり遊離酸とその塩の濃度の合計には左右されませんが，緩衝能はこれによって大きく影響を受けます．ですから，キレート滴定などのように反応の前後で pH が大きく変化してくれては困る場合には，大過剰の緩衝剤を添加することになります．通常の pH 標準用の緩衝液だと C は 0.05〜0.1 M ぐらいで十分なのですが，キレート滴定用の緩衝液としては，滴定液が 0.01 M ほどの濃度なので，これによる錯形成で溶液中のプロトン濃度が変化することを考えると，大過剰（1 M 程度）のかなり濃い緩衝液を使って，大きな緩衝容量を利用して pH 条件があまり移動しないように設定する必要があります．この場合には酢酸緩衝液やアンモニア緩衝液などの，金属イオンと錯形成や沈殿を起こしにくく，濃度を大きくできる緩衝剤が選ばれることになります．

　ただ，分野によってはこの「緩衝指数」についてはこれとは別の定義が使われている分野もあるのです．これは特に排水処理などの方面で通用しているらしいのですが，こちらに従うと

「緩衝指数：被制御液 1 L に対して制御剤を 1 ミリ当量加えたときの，pH 値の変化をいう．」

となっていて，先ほどのヴァン・スライクの緩衝指数とは分子と分母が入れ替わっています．つまり逆数を採用していることになり，それにこの場合は $(\Delta \mathrm{pH}/\Delta C_\mathrm{B})$（もしくは $(\Delta \mathrm{pH}/\Delta C_\mathrm{A})$）で表すべき測定量を指すので，これだと「緩衝容量」の逆数の方に対応することになります．

　ただ，こちらは主として排水などの混合物系を対象とする分野ですから，実測して求められる量なので，緩衝剤が単一成分の場合にはヴァン・スライクの緩衝指数と同じように計算で得られますが，むしろ実測して得られる数値であることに留意する必要があります．

= Tea Time =

酸性アミノ酸と塩基性アミノ酸,酸性蛋白質と塩基性蛋白質

　一つの分子内に,酸として働く官能基(カルボン酸など)と塩基として働く官能基(アミノ基など)を持つ化合物は「両性電解質」と呼ばれます.生体内で重要なアミノカルボン酸のほか,アミノスルホン酸であるタウリンや,アミノホスホン酸類などがこの種の両性電解質の典型です.なお,広い意味の「アミノ酸」はこれらの総称として呼ぶのですが,食品栄養学などの分野では,α-アミノ酸の中での20種類ほどだけに限ってこう呼ぶこともあります(この使い方だと,重要なアミノカルボン酸であっても,ベータアラニンとかガンマアミノ酪酸(GABA),アントラニル酸やパラアミノ安息香酸などは別扱いになってしまいます).

　通常のアミノ酸類は一分子内にカルボキシル基一個とアミノ基一個を持っているものがほとんどなのですが,この場合,水溶液中では「両性イオン(zwitterion)」の形となっています.つまりカルボキシル基が解離して生じたプロトンが,アミノ基の窒素に付加してアミニウムイオンとなっているのです.このようなアミノ酸の水溶液は原則として中性ですが,カルボキシル基の数がアミノ基の数より多いと「酸性アミノ酸」,逆にアミノ基の数の方が多いと「塩基性アミノ酸」に分類されます.なお,塩基性の原子団としてはアミノ基のほかにグアニジル基(アルギニンなど)やイミダゾリル基(ヒスチジンなど),インドール基(トリプトファンなど)を含むものもあります.

　普通のアミノ酸の場合には,水溶液にするとアミノ基のプロトン化とカルボキシル基の解離とが釣り合った状態が安定となるので,水溶液のpHはほぼ中性になります.つまり電荷が差し引きゼロとなり,見かけ上電荷を持たないのですが,このときのpHを「等電点」といいます.

　アスパラギン酸やグルタミン酸などカルボキシル基が二個でアミノ基が一個という組み合わせのアミノ酸は,等電点が酸性側に寄っています.これらが「酸性アミノ酸」に分類されるものですが,リジンやアルギニン,ヒスチジンなどは余分なアミノ基やグアニジル基,イミダゾリル基を持っているために等電点はアルカリ性側になります.これらが塩基性アミノ酸の例です.体内での窒素代謝に重要なオルニチンやシトルリン,ナタマメに含まれているカナバニンなども塩基性のアミノ酸に分類されます.

　蛋白質にも分子内に多数のアミノ基とカルボキシル基が含まれるので,全体としての電荷が差し引きゼロになる「等電点」が存在し,このpHにおいては溶解度が最低となるので,電気泳動やイオン交換などを利用して分離精製する際に重要となっています.塩基性アミノ酸が多い蛋白質(たとえば魚類の白子(精巣)から採れるプロタミンなど)

はアルギニン残基を大量に含んでいますので，塩基性蛋白質の代表となっています．

第 16 講

フロートのダイアグラム

「Flood Diagram」をインターネットで検索すると，海水面の昇降（津波や高潮など）に伴う海岸線の変動を示した画像が出てきます．いわゆるハザードマップの一つで，津波や高潮などの被害予測に役立つものとなっています．

ところが，化学で使っているフロートのダイアグラムは，英文のスペルこそ同じ「Flood Diagram」なんですが，弱酸や弱塩基を純水で希釈したときの pH 変化を図示したもののことです．横軸に希釈度の余対数（常用対数の符号を変えたもの），縦軸に pH をとって，いろいろな解離定数の弱酸や弱塩基の濃度（希釈度）と pH との関係を図示したものです．便利なので以前には日本分析化学会編の『分析化学データブック』にも掲載されていましたが，最新版では外されてしまったようです．

よく「胃液の中には塩酸が含まれているんだよね．たしか pH が 2 ぐらいだっていうんだろ．10 倍希釈すると pH が 1 だけ増加するんだから，1000 倍に希釈したら 3 だけ増えて 5 になる．だとしたら百万倍に希釈したら 6 だけ増えて pH は 8 になるんだろう？」といわれる方が居られます．塩酸は強酸ですから，水の中では完全に解離しているわけで，胃液の中には 0.01 mol/L ほど含まれている（これは日本人の場合なら，健康人の標準値がこれでいいらしいのですが，外国ではよく「健康人の胃液の pH ≒ 1」と記してある書物もあります）ので，完全解離なら pH = 2 として構いません．ところが純水の中には，極めて低濃度ですがもともと自己解離による水素イオン（オキソニウムイオン）が存在していますので，それ以上に低濃度にすることはできないのです．この様子を示したのが図 11 の「フロートのダイアグラム」にほかなりません．横軸に希釈度の余対数（つまり濃度 c を用いると $-\log c$），縦軸に pH の値をとって，解離定数がそれぞれに異なる場合の弱酸や弱塩基の希釈時の pH を表したものです．もちろん表計算ソフトウェ

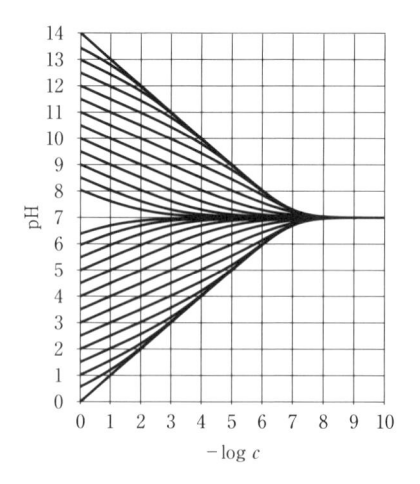

図 11 フロートのダイアグラム

アがあれば簡単に計算できますが，この右側に伸びている直線部分は水自体の自己解離による水素イオン濃度（pH = 7）に当たります．強酸の希釈の場合には一番下の線，強塩基の希釈の場合には一番上の線になるのですが，あとは弱酸や弱塩基の解離定数によってそれぞれ異なった曲線となります．強酸・強塩基の場合には双曲線になりますが，弱酸や弱塩基の場合にはもう少し異なった曲線になるのですが，やはり希釈度が大きくなると解離の度合いが増大する（つまり強酸や強塩基と同じようになる）ので，両側の双曲線のどちらかに近づいていきます．

このフロート（H. Flood, 1905-2001）はノルウェイの物理化学者で，融解塩中の酸塩基平衡やケイ酸塩の化学などの大権威でありました．彼はまたルックス-フロートの酸・塩基理論（酸は O^{2-} の供与体，塩基は O^{2-} の受容体とする理論，第21講参照）でも有名であります．

ここに表されている曲線は，下の方が酸を希釈した場合，上の方が塩基（アルカリ）を希釈した場合に相当します．酸の方は下側から $pK_A = 1, 2, 3, \cdots, 13$，塩基の方は逆に上側から $pK_B = 1, 2, 3, \cdots, 13$ となるように描いてあります．一番外側の線はそれぞれ強酸と強塩基の希釈曲線に当たります．

= **Tea Time** =

調理における酸とアルカリ

「塩梅(あんばい)」という熟語が昔からあるように，鹹味と酸味のふさわしいバランスをとることが料理では重視され（もっともよそのお国でも同じかどうかはわからないのですが）てきました．でも人間の味覚は結構複雑怪奇なものを含んでいますから，望ましくない不快な味覚刺激を与えるものや，有毒物質を除去するためのアルカリ性の調味料（広い意味での）を用いることも少なくありません．

野草や山菜類を食品材料として使うときには，普通の蔬菜類と違っていわゆる「あく抜き」操作がほとんどの場合不可欠なのです．この「あく抜き」は，以前でしたら木灰を水に加えて，その上澄み（灰汁(あく)）を採取し，これによってもともとの植物体に含まれているシュウ酸やホモゲンチジン酸などの不快な味を持つ酸性の成分を取り除いてしまうことが目的でした．いまなら重曹水を代わりに使えばいいわけで，いちいち灰を取り寄せたりつくったりする必要はありません．山菜と蔬菜の違いは，この種の余分な酸類（多ければ毒作用もあります）の含量の多寡によるものでもあるのです．ネパールなどの山間地では，われわれにはとても食べられそうには思えないイラクサ（棘だらけで，蟻酸を大量に含んでいますから，刺さるとものすごく痛いのです）を大きな鉄製のピンセットのような器具で採取して，あく抜き（つまり酸分を除去）したものを食用にしている（結構美味だったという経験者の話もありましたが）ということです．

以前に九州のどこかで，ペットフードに自動車用の不凍液をまぶして，アリの出没する場所においておくと簡単に駆除できて有効だという（これはどうもアメリカあたりから伝わってきたネット情報だったらしいのですが）ので，広い庭のあちこちにこれをおいて，虫害を減らそうとしたお宅があったそうです．ところが，あたりからネコ（野良猫）がたくさんやってきて，これを食べてばたばたと死んでしまい，無許可で毒餌をまいたのではとさすがに問題になって，マスコミにも取り上げられました．ネコの体内では不凍液中のエチレングリコールが代謝されてシュウ酸に変わるので，これが致死量になりやすいのです（国内で販売されている不凍液には，誤飲を避けるために「ビトレックス」と呼ばれる世界一苦い化合物が配合されているのですが，アメリカではこの苦味剤の添加は行われていないらしいです）．

山菜の中でも古くから（わが国でははるか万葉時代から）利用されてきたワラビは，もともとプタキロシドという有毒物質を含んでいます．ですから牧場に放牧されている家畜類は最初から口にしないのですが，舎飼い条件では与えられた飼料中に混入していると，ナントカの浅ましさで平気で食べてしまい，その結果消化器中に癌が生じること

が知られています．ヨーロッパなどでは有毒植物扱いになっている国もあるらしいのですが，実はこのプタキロシドはアルカリ性の水溶液中では不安定ですぐに分解してしまうので，人間が食べても影響などありません（このプタキロシドの研究は，名古屋大学の山田静之（きよゆき）教授（現 名誉教授）の研究室で完成されたのですが，何しろ不安定な化合物ですぐに分解してしまうので，単離・同定にはひとかたならぬ御苦労があったというお話を伺ったことがあります）．

　ですから，昔ながらの灰汁での処理（現在ならば重曹水で十分なのですが）は，期せずしてこの有毒物質の分解除去を同時に行ってきたことに当たります．

第17講

酸の強さの尺度，酸の強度と酸の濃度

　アレニウスの酸と塩基の反応（中和反応）は，水素イオン（オキソニウムイオン）と水酸化物イオンとの間での反応にほかなりません．ですから生成するものは水分子ということになります（初等の理科のテキスト類では「酸と塩基の反応で塩ができる」という方にウェイトをおいて記してありますが，これは厳密にいうと正しくないのです）．反応したあと，つまり中和でできた水分子が沢山ある状態では，酸と塩基のそれぞれの相手方のイオンが水溶液中に自由に動き回っているので，水分を蒸発などで除くとはじめて塩が生成することになります．つまり，水ができる方が重要で塩の生成は副次的なものと考えるべきなのです．

　ブレンステッドの酸と塩基の反応では，水素イオン（プロトン）の授受が問題になるわけですが，この場合には少しでも弱い酸と少しでも弱い塩基の生じる方向へと反応が進むことになります．つまりプロトンや水酸化物イオンの押し付け合いといえなくもありません．ですからブレンステッドの酸と塩基の反応では，少しでも弱い酸と少しでも弱い塩基を生成する方向に反応が進むこととなります．

　いわゆる「鉱酸」と呼ばれる無機の強酸類では，水溶液にすると完全に解離してしまい，オキソニウムイオンと，もともとの酸由来の陰イオン（つまり共役塩基）が存在していることになります．同じように水酸化ナトリウムのような強塩基も，水中では完全に解離した結果，溶かした分に見合う水酸化物イオンと，対となる陽イオン（これは共役酸に当たります）の水溶液を生じる結果となるのです．水の中では最強の酸はオキソニウムイオン，最強の塩基は水酸化物イオンということになり，それ以上に強い酸や塩基は存在できないのです．

　これはほかのプロトン性溶媒（protic solvent）でも同じで，たとえば氷酢酸（CH_3COOH）の場合，もっとも強力な酸はアセトニウムイオン（$CH_3COOH_2^+$），最強の塩基は酢酸の陰イオン（CH_3COO^-）ということになります．同じように液

体アンモニアの場合を考えると，最強の酸はアンモニウムイオン（NH_4^+），最強の塩基はアミドイオン（NH_2^-）となります．このような溶媒分子にプロトンが1個付加した形の陽イオンを「ライオニウムイオン」（lyonium ion，学会によっては「リオニウムイオン」に定めていることもあります），逆にプロトンが一個除かれた形の陰イオンを「ライエイトイオン」（lyate ion，こちらを「リエイトイオン」と呼ぶ例はなぜか極めて少ないようです）といいます．溶液中最強のイオンはライオニウムイオン，最強の塩基はライエイトイオンだということになります．

いくつかのプロトン性溶媒における自己解離の様子を表にしてみました．

溶媒	自己解離平衡	酸	塩基
H_2O	$2H_2O \rightleftarrows H_3O^+ + OH^-$	HCl	KOH
NH_3	$2NH_3 \rightleftarrows NH_4^+ + NH_2^-$	NH_4NO_3	$NaNH_2$
HF	$2HF \rightleftarrows H_2F^+ + HF_2^-$	$HClO_4$	KHF_2
H_2SO_4	$2H_2SO_4 \rightleftarrows H_3SO_4^+ + HSO_4^-$	—*)	$KHSO_4$

*) いわゆる「超強酸」は，硫酸よりも強い酸（酸度関数が大きな負の値となっているもの）ですが，この濃硫酸の中でも酸として作用することになります．

現在のようにいろいろと便利な分析機器が普及する以前には，アルカロイド製剤の純度を定めるためによく非水溶媒滴定法が用いられました．このような天然物由来の薬剤自体は，以前の製法だとそれほど均一に製剤化することができなかったので，錠剤や散剤のある程度まとまった量を容量分析（滴定法）で純度検定をする必要があったのです．多くのアルカロイドは塩酸塩や臭化水素酸塩などの形で精製・調剤を行うので，これらを含む試料を氷酢酸に溶解して酢酸水銀（II）を添加した上で，過塩素酸の氷酢酸溶液（標準溶液）で滴定する方法が採用されていました．これは氷酢酸中での塩化水素や臭化水素は弱電解質（弱酸）なので，非水溶媒滴定での終点が不明瞭になるために，水銀（II）と強固な錯体をつくらせてマスクする（妨害を除く）ことで定量を可能としたのです．

氷酢酸の自己解離平衡は

$$2CH_3COOH \rightleftarrows CH_3COOH_2^+ + CH_3COO^-$$

のようになっていて，このなかでのライオニウムイオンはアセトニウムイオンすなわち $CH_3COOH_2^+$ です．過塩素酸は氷酢酸中でも強酸として働くので，アルカ

ロイド塩基を中和滴定することが可能なのです.

　強い酸の共役塩基は弱塩基，強い塩基の共役酸は弱酸ですから，弱酸や弱塩基の場合には，オキソニウムイオンや水酸化物イオンは一部だけしか生成しないので，酸解離定数 K_A が酸の強さの尺度となるわけです.

　普通にいう酸の濃度（酸性度）は，むしろ水素イオンの熱力学的濃度（活量濃度）という方がふさわしいのですが，通常の水溶液ではこのためにはいわゆる「pH」尺度を使って表現することができます．つまり pH = $-\log a_{H^+}$ なのですが，希薄水溶液の場合には分析濃度 c_{H^+} と活量濃度 a_{H^+} との比（これはよく「活量係数」と呼ばれます．γ や f で表すことが多いのですが）は 1 とみなして構わないほどです．ただ，濃厚な水溶液や，共存塩類などが多量に溶けていたりする場合には，ズレがかなり大きくなってしまいます.

　ところが「酸の強度」という場合，特に水溶液中ではほとんどが解離してしまうような酸の場合には，水素イオン濃度で酸の強さを比べることができません．これはさきにも述べた「水準化効果」の結果でもあります．ですから別の尺度が必要となるのです．そうでなくとも，イオン強度が大きく濃厚な水溶液，たとえば 50% 硫酸などでは誘電率などが希薄溶液と異なってくるためにズレが大きくなり，pH を機器で測定しても，そこで得られる数値はあまり意味を持ち得ません．そこで，酸性度を濃厚な酸溶液や水以外の溶媒中にも適応できるようにした尺度が考えられています．これは塩基性の指示薬の挙動で定義するもので，ハメットの酸度関数と呼ばれるものです．詳しくは第 18 講で説明いたします.

=========== **Tea Time** ===========

アルカリによる人体の処理

　あんまりぞっとしないことでもあるのですが，英国の文豪ディッケンズの未完の大作（遺作でもある）『エドウィン・ドルードの謎』では，犯人が犠牲者の死骸を教会の石灰の貯蔵庫に放り込んで，跡形もなく消滅させようとする場面が描かれています.

　石灰（教会などでの修復用の漆喰などに使われているものですから，当然ながら消石灰でしょう）の中に放り込むのですから，生体組織は強アルカリ（苛性アルカリ）のために分解されてしまうので，人体の痕跡は何一つ残らないという当時の常識が下敷きに

なっているのです．

でも，消石灰の中では，死体の軟組織は分解されてしまいますが，骨格だけはきちんと残ります．その昔の骨格標本をつくるための標準的な方法は，この消石灰を満たした棺桶のような容器に死体を入れて放置し，何ヶ月か経ったあとに水洗いして作製するものでした．現在でも小動物の骨格標本の標準的な製法はこの方式によっています．もっとも人間の場合はなかなか難しいので，理科室などにある骨格標本のほとんどはプラスチック製の模型になってしまっていますが．

人類学の泰斗であった九州大学の故金関丈夫先生（1897-1983，考古学の金関　恕先生（1927-，天理大学名誉教授）の御尊父）は，いまの日本では火葬があまりにも普及しすぎてしまったので，現代日本人の骨格標本を残しておく必要があるといわれ，亡くなられた折に，ご自分の骨格をこの昔ながらの方式で標本にするようにと遺言されて（一つには以前からの技術の保存と伝承を大事にされたのだと思いますが），実際に標本にされたそうです．

もっとも，濃厚アルカリとして，消石灰の代わりに苛性ソーダの熱水溶液を使うと，本当に跡形もなく死骸を溶かしてしまうことは可能のようです．帝政ロシアの末期時代，西ヨーロッパで始まった産業革命の波がシベリアにも押し寄せてきて，ありあまる木材資源を材料として各地にパルプ工場が建設されました．ただ，当時の労働者は，流刑者としてシベリア送りになった荒くれ者ばかりだったので，当然ながら工場現場でも騒動がしばしば起き，刃物や銃器を伴った出入りの結果犠牲者が出ると，死骸をパルプ蒸煮用の巨大な反応釜の中へ放り込んで証拠隠滅を図ったことがあったのだそうです．

ほんとうに何一つ残らなかったので，完全犯罪が成立したと思われたのですが，知恵者がいて，反応釜の中の液体のリンの含量を定量したところ，ちょうど人体一体分に相当するだけ余分にあったのが，有力な証拠として認められ，犯人はあえなく捕まって重刑に処せられたという話が伝えられています．

これにかかわりがあるのかどうかわからないのですが，とある著名なネットの質問箱に，奇妙な問い合わせがあったそうです．さすがにもとの投稿文は削除されているようですが，あちこちで問題となったらしく，コピー（ネットの世界ではよく「魚拓」というようですが）などで見ることができます．まとめてみると，「大きな飼い犬（体重 50 kg！）の死骸を水酸化カリウムを使って隠密裡に処理したい」というのですが，どうも胡散臭さが感じられ，「ひょっとしたら飼い犬ではなくて人間の死骸じゃないの？」というコメントがついたりしていました．

しばらく前の新聞（2013 年夏）の読売新聞の時事川柳の入選作品の一つに
　　大陸は　空に黒雲　川に豚
というのがありました．「黒雲」は例の「PM2.5」を含む汚染空気やスモッグ，「川に豚」

は上海の黄浦江を埋め尽くした一万数千頭の豚の死骸を指していたのですが，このあとしばらくして，病気で死んだ豚の死骸をアルカリ（濃厚苛性ソーダ）で溶かして川に流したというスクープ記事が流され，さすがに世界各地で問題となりました．何匹もの豚の死骸を可溶化するためには，相当大量の工業用アルカリが必要となるはずなのですが，これを養豚農家がどのようにして入手したのかそのあたりは不明のままでした．

第18講

ハメットの酸度関数

この「酸度関数（acidity function）」はコロンビア大学の物理有機化学の教授を永年勤めたハメット（L. P. Hammett, 1894-1987）が提案したものです．この指標は，強酸や強塩基のプロトン供与性やプロトン受容性を示すために考案された数値なので，たとえ pH が 1 以下，あるいは 13 以上となるような水溶液でも，酸塩基性を定量的に比較することができます．普通の，pH が 1 から 13 の水溶液では，酸度関数は水素イオン指数，つまり pH とほぼ一致するため，わざわざこちらを用いることはほとんどありません．

●ハメットの酸度関数を求めるには

ある酸 HA に，微量の弱塩基 B を加えた溶液系を考えましょう．この溶液の中では，塩基 B の一部は酸からプロトンを受け取って BH^+ の形になっているはずです．

$$HA + B \rightleftharpoons A^- + BH^+$$

このとき，酸 HA のハメットの酸度関数 H_0 は，プロトンの活量（すなわち熱力学的濃度）a_H および塩基 B とそのプロトン付加物 BH^+ の活量係数 γ を用いて，次式で定義される値です．

$$H_0 = -\log\left(a_{H^+} \frac{\gamma_B}{\gamma_{BH^+}}\right)$$

活量係数 γ は，活量 a を濃度 c で除した数ですから，上の式は次のように書き直せます．

$$H_0 = -\log\left(a_{H^+} \frac{a_B/c_B}{a_{BH^+}/c_{BH^+}}\right) = -\log\left(\frac{a_{H^+} \cdot a_B}{a_{BH^+}}\right) + \log\left(\frac{c_B}{c_{BH^+}}\right)$$

この右辺第 1 項は BH^+ の酸解離定数の余対数なので，つまり pK_A にほかなりま

せん．そうしますとこれは緩衝溶液の pH の計算に出てくるヘンダーソン-ハッセルバルクの式とそっくりであります．ですから，塩基 B の共役酸 BH^+ の pK_A が既知であるなら，溶液中の B と BH^+ の比率から，ハメットの酸度関数 H_0 が求められることになります．

なお，この酸度関数自体はもともと強力な酸そのものを対象として定義されたのですが，やがて混合溶液系にも同じように適用されるようになりました．

同じように塩基についても酸度関数を算出することができます．このときの塩基性の尺度には，ハメットの酸度関数を塩基に置換した形式の酸度関数 H_- が使用されます．本来からすると「塩基度関数」というべきなのでしょうが，この「塩基度関数（basicity function）」という語はめったに使用されることはなく，普通には同じように「塩基の酸度関数」といっているようです．

塩基に対する酸度関数は，ある塩基 B に，指示薬として微量の弱酸 HA を加えた溶液系を考えます．この場合の塩基 B の酸度関数 H_- は次式で定義される値です．

$$H_- = -\log\left(a_H + \frac{\gamma_{A^-}}{\gamma_{HA}}\right)$$

酸の場合のハメットの酸度関数と同様に，活量係数を活量濃度（a）と濃度（c）に置換することで，次の式が得られることになります．

$$H_- = pK_A + \log\left(\frac{c_{A^-}}{c_{HA}}\right)$$

塩基の酸度関数を求めるには，指示薬としてはフルオレンやジフェニルアミンなどの誘導体が利用されるのですが，プロトンの付加した形と解離した形のそれぞれの化学種の濃度を NMR（核磁気共鳴）なり吸収スペクトルなりで測定する手法で求めることができます．この場合，塩基性が強いほど数値はプラス方向に大きくなるのです．

通常の場合，酸度関数を求めたい溶液に対してニトロアニリンやニトロベンゼンの誘導体を塩基として少量加え，溶液中での吸収スペクトルを測定して B/BH^+ 濃度比を求めて上の式の第二項に代入し，これから H_- を計算する手法が使われました．のちにプロトン NMR スペクトルが有機化学の分野に導入されると，プロトン付加した BH^+ と遊離塩基の B とのそれぞれのシグナルの積分強度の比から

同じように計算できます．これなら別に着色した指示薬を用いる必要もないわけで，同じように溶液中でのB/BH$^+$濃度比をNMRスペクトルの積分値から求めることで算出することが可能となりました．以下に，酸度関数H_0の決定に用いられるいくつかの指示薬のpK_Aを示しておきます．あとで触れる固体の酸の場合にもこのプロトンNMRでの積分強度を利用することでB/BH$^+$濃度比を求めることが可能ですから，応用範囲はこちらの方が広いともいえます．

o-ニトロアニリン	-0.29
2-クロロ-4-ニトロアニリン	-2.43
2,4,6-トリニトロアニリン	-10.10
2,4-ジニトロトルエン	-13.75
2,4-ジニトロフルオロベンゼン	-14.52

このハメットの酸度関数は，対象となる溶液の種類と組成，濃度に固有の数値であり，温度によって変化するので，通常は組成と測定温度をきちんと記載することになっています．でも測定に使用する指示薬（塩基）の種類によって影響を受けることはほとんどありません．強い酸性であるほどH_0の値はマイナスの大きな数値となるのですが，たとえば，25℃での5%硫酸のH_0は-0.02，100%硫酸は-12，フルオロスルホン酸は-15，魔法酸（マジック酸ともいわれます．フルオロスルホン酸に90 mol%の五フッ化アンチモンを溶解したもの）は-26.5のようになります．このようにハメットの酸度関数が大きくマイナスの値を与えるもののうちで，濃硫酸よりも負のものが「超強酸」と呼ばれるようになり，これには純粋な化合物に加えて混合物系も含まれるようになりました．こちらについては次講をご覧下さい．

═══════════════ **Tea Time** ═══════════════

銅版画と強水

明代の末頃から清代の初期にかけて，イエズス会の神父たちが布教のために中国大陸へやってきました．もちろん当時の皇帝は「天朝（＝わが国）に不足なものなどない，

何か面白いものでもあれば献上するように」と大変に高圧的な姿勢を崩さず，したがってなかなか布教も困難でしたが，それでも何とか北京には教会を設立するところまではこぎ着けました．

当時はるばるヨーロッパからやってきた神父の中では，マテオ・リッチ（利瑪竇，1552-1610）が最初に有名となった一人ですが，その次の世代であるアダム・シャール・フォン・ベル（湯若望，1592-1666）はドイツのケルンに生まれた天文学者でありましたが，ほかの自然科学（物理・化学）の豊かな教養に恵まれていて，当時の西洋で発見・解明されたばかりのいろいろな科学上の知見を東洋へ導入しようとしました．のちに北京にできた司天台に招かれ，康熙帝の勅令のもとで改暦に従事したことで有名になりました．

その傍ら，当時のヨーロッパでもまだ開発されて数十年ほどしか経っていなかった，エッチングによる銅版画法によって，精密な図版（暦などにも不可欠でした）をつくり，帝の御感に与かったといわれます．このときに使用したのは「強水」と呼ばれる不思議な液体で，以後長い間秘密にされていたようです．門下生の一人が「この強水は非常に腐蝕力が強いもので危険だから，湯若望先生だけしかつくり方をご存じないのだ」（つまり門外不出の機密事項）と記してあるそうです．ところが別のところでは，同じ人物が「ガラス製のレトルトのような加熱容器に緑礬と硝石の混合物を混ぜて入れ，加熱して留出する液体を集めると強水が採れる」と記しているそうで，先生から秘伝を教わったということなのでしょう．

この「強水」はラテン語の「aqua fortis」の訳で，今日風なら「硝酸」に当たります．緑礬（硫酸第一鉄の七水塩）を空気中で熱分解すると，硫酸が生じてあとに酸化鉄（ベンガラ）が残るのですが，ここに硝石が入っていれば，硫酸よりも沸点の低い硝酸が蒸

図 12 　アダム・シャールの肖像画とドイツの郵便切手（アダム・シャール生誕 400 年記念）
[Wikimedia Commons]

留されて受器に溜まりますから，これを使えば銅版のエッチングは可能です．やがて同じように強い酸を意味する言葉として普遍化したため，その後の彼の地の化学のテキストの訳本には「硝強水」とか「磺強水」などのように強い酸としての用法が出現するようになりますが，もともとは「硝酸」だけを指していました．

第19講

超　強　酸

　もともと「超強酸」という言葉は，1927年に，コナント（J. B. Conant, 1893-1978）（後にハーヴァード大学の総長になり，アメリカの原子力研究などの科学行政に大きな影響力を与えて有名になりましたが，当時はまだ若手の新進気鋭の化学者でした）が，それまで普通に使われていた「鉱酸」，つまり無機の強酸よりもずっと強い酸を指すものとして使い出したのが最初だといわれます．最初はどちらかというと定性的な表現でしたが，やがて酸度関数の概念がハメットにより1932年に導入されると，こちらによるもう少し定量的な定義がなされました．すなわち

　「超強酸」とは100%硫酸（ハメット酸度関数 −12）よりも強い酸である．

となったのです．ですがこれは古典的な定義でして，新しい定義によるならば，

　「超強酸」とは純硫酸よりもプロトンの化学ポテンシャルが高い「メディアム（媒質）」である．

ということになります．つまり単一の化合物に限られず，混合系でもよいことになったのです．市販されていて購入可能な超強酸としては，トリフルオロメタンスルホン酸（トリフル酸，CF_3SO_3H）とフルオロスルホン酸（HSO_3F）がありますが，この両者は純硫酸よりも約千倍強力な酸であります（ハメット酸度関数がずっと負なのです）．ルイス酸とブレンステッド酸を一緒にすることで，もっと強い酸をつくることができます．最強力の酸としては，フルオロアンチモン酸，つまりフッ化水素と五フッ化アンチモンの混合物系がいまのところ最右翼とされています．この系では，フッ化水素酸からF^-が五フッ化アンチモンに供与されて，$H[SbF_6]$の形となっていると考えられます．

　最近報告された，いくつかの超強酸を含む酸の酸度関数を表にしてみましょう．括弧の中の西暦年数は報告された年度です．

硫酸（H_2SO_4）	-12.0
過塩素酸（$HClO_4$）	-14
トリフル酸（トリフルオロメタンスルホン酸，CF_3SO_3H）（1940）	-14.1
ピロ硫酸（$H_2S_2O_7$）	-15.0
フルオロスルホン酸（FSO_3H）（1944）	-15.1
カルボラン超強酸（$H[CHB_{11}Cl_{12}]$）（1969）	-18.0
マジック酸（HSO_3F-SbF_5）（1974）	-19.2
フルオロアンチモン酸（$H[SbF_6]$）（1990）	-31.3

　これらの超強酸中でも興味あるのはカルボラン超強酸で，これはほかの超強酸類と違ってフッ化水素酸やフッ化物イオンを含みませんのでガラスを侵すこともありません．「超強酸の中で，はじめてガラス瓶に保存可能となった珍しいもの」という画像がネットで紹介されていました．

　　カルボラン超強酸のイオンの画像は佐藤健太郎博士が運営する「有機化学美術館」
　　（http://www.org-chem.org/yuuki/yuuki.html）で見ることが可能です．

　気相においてのみ知られている最強力の超強酸としては，ヒドリドヘリウムイオン（HeH^+）があるのですが，ただしこれはプラズマ中においてのみ存在し，溶液や液体としては存在できないので，話の種としての価値はあるかも知れませんが，まだ実用面の研究にまでは至っていないようです．

　比較的簡単に得られる混合溶液系の超強酸について，酸度関数を表にしてみましょう．

混合系の超強酸	酸度関数
$H_2O + BF_3$ (1：1)	-11.4
$H_2SO_4 + SO_3$ (1：0.2)	-13.4
$HF + SbF_5$ (1：0.001)	-14.3
$HSO_3F + SO_3$ (1：1)	-15.5
$HSO_3F + SbF_5$ (1：0.05)	-18.2
$HF + SbF_5$ (1：0.03)	-20.3

　これらからわかるように，もともとのブレンステッド酸に適当なルイス酸（第23講参照）を添加して錯形成させることで，酸としての強度は格段に大きくなります．

フルオロスルホン酸は，現在の命名のシステムだとフルオロ硫酸ということになったのですが，これ自身が強いブレンステッドの酸で，自己解離によって$H_2SO_3F^+$とSO_3F^-になっているのですが，これに五フッ化アンチモンを添加すると，この陰イオンが五フッ化アンチモンに配位した$[SbF_5OSO_2F]^-$が生じます．その結果として生じるプロトン化したフルオロ硫酸（$H_2SO_3F^+$）とこの錯陰イオンとの組み合わせは，はじめのフルオロ硫酸よりももっと強力なブレンステッドの酸と考えることができます．このような混合物，つまりブレンステッドの酸にルイス酸を加えたものからは，結果としてプロトン化したブレンステッドの酸（最強の超強酸）になるといえます．

　ここで注目したいのは，超強酸のブレンステッド酸としての強さ，すなわちプロトン付加能力の強さです．つまりほかの化学種へプロトンを押し込める能力という方がふさわしいかも知れません．たとえば，リン酸をこの種の超強酸と反応させると$[P(OH)_4]^+$のような陽イオンができると考えられています．これはオルトケイ酸H_4SiO_4（$=Si(OH)_4$）と等電子構造の化学種で，いろいろと珍しい反応を起こすことが期待されています．さらにメタンなどの脂肪族炭化水素は反応性に乏しく不活性で，酸性も塩基性も示さないとされますが，超強酸（HSO_3FとSbF_5の混合系など）を溶媒にすると，メタンはブレンステッドの塩基として働いてプロトン化され，最終的にはカルベニウムイオン（もっとも安定な第三級カルボカチオンのt-ブチルカチオン$[(CH_3)_3C^+]$）を生じます．

$$CH_4 + H^+ \longrightarrow CH_5^+$$
$$CH_5^+ \longrightarrow CH_3^+ + H_2$$
$$CH_5^+ + 3CH_4 \longrightarrow (CH_3)_3C^+ + 3H_2$$

　フルオロアンチモン酸（$H[SbF_6]$）は，いまのところ最強の超強酸で，濃硫酸に比べておよそのところ10^{16}倍も強力だとされています．調製には無水のフッ化水素に五フッ化アンチモンを混合する方法によります．ハメットの酸度関数は，-28以上にも及ぶのです．

　超強酸は，プロトンを押し込む能力が極めて大きいので，普通には生成しないような有機カチオンをつくれるような環境をもたらすことができます．こうして生じた有機のカチオンはいろいろと新しい反応の中間体となり得るので，そのためプラスチックの製造や，ハイオクガソリンの研究などの応用化学や化学工業の

方面からも注目されているのです．

=========================== **Tea Time** ===========================

強リン酸

あまり見慣れない言葉かも知れませんが，分析化学の方面では重要な試薬の一つである「強リン酸」は，普通の濃リン酸を石英ガラス製のビーカーに入れて，電気ヒーターで300℃ほどに緩やかに加熱し，生成する水蒸気やミストは吸引ポンプで取り除くことで調製できる粘稠な無色の液体です．この強リン酸は，いろいろな分子量のメタリン酸を含む複雑な混合物なのですが，いろいろと興味ある性質を示し，最近では燃料電池用の電解質素材としても注目されています．これは酸としては濃硫酸などに比べるとそれほど強力とはいえず，酸度関数 $H_0 = -5$ 程度のものが一番強いとされています．

高温でもそれ自体が分解しにくいので，なかなか分解しにくい材料を溶液の形にできるのですが，ケイ酸塩岩石の粉末やガラスウールなどをも容易に溶かしてしまいます．硫酸や硝酸と違って，濃厚な酸でも酸化・還元的には不活性なので，これに塩化スズ(II)や臭化ナトリウムを溶かすと，強力な還元性を持つ強リン酸が得られるのです．たとえばこの塩化スズ(II)を溶かした強リン酸は，硫酸塩すら容易に還元するほどの強力な還元剤です．

同じように，ヨウ素酸カリウムや重クロム酸カリウムを溶かすと，今度は強酸化性の強リン酸が得られます．これを分解試薬に用いると，グラファイトや難溶性のプラスチックもみな二酸化炭素に分解させることが可能です．

高分子材料などで，不純物を定量する場合に，これらの強力な酸化性の強リン酸や還元性の強リン酸を用いて分解させ，気化してくる微量成分を捕集して定量するという手法は，少し前までの高分子分析における標準的な方法の一つでもありました．

第20講

非水溶液系における酸と塩基

　水以外の溶媒系（非水溶媒系という）においても同じように酸塩基反応を考えることができますが，この場合には，溶媒を大きく二つに区分するのが普通です．もっともこれとは別に，まったく解離平衡に関与しないとみなせる「不活性溶媒」（たとえば液化させた希ガスや，飽和炭化水素系溶媒など）はこれらとは別扱いにすることになっています．つまり下のような区分が可能なのです．

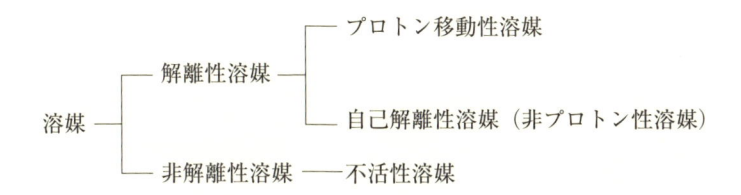

```
          ┌─ 解離性溶媒 ─┬─ プロトン移動性溶媒
溶媒 ─────┤              │
          │              └─ 自己解離性溶媒（非プロトン性溶媒）
          └─ 非解離性溶媒 ── 不活性溶媒
```

●プロトン移動性溶媒

　単にプロトン性溶媒と呼ばれることも多いのですが，英語では protic solvent といいます．ブレンステッドの定義がそのまま適用可能なケースで，酸塩基反応はプロトンの移動ということになります．

●プロトン非移動性溶媒（非プロトン性溶媒，aprotic solvent）

　この種の溶媒では分子内に解離，交換可能なプロトンを持っていません．もっとも極端な環境下では，普通には解離しないはずの炭素と直接結合しているプロトンが解離して反応に関与することがあります．たとえばジメチルスルホキシド（DMSO，$(CH_3)_2S=O$）やアセトン（$(CH_3)_2C=O$）のメチルプロトンは，通常の場合には不活性ですから，これらは非プロトン性溶媒に分類されているのですが，

このような極端な場合にのみプロトン性溶媒とみなすことが可能です．

　プロトン性溶媒は水と同じように自己解離平衡を考えることができます．たとえば液体アンモニアの場合

$$2NH_3 \rightleftharpoons NH_4^+ + NH_2^-$$

$$K = [NH_4^+]\cdot[NH_2^-] = 10^{-30} \text{ mol}^2/\text{L}^2 \ (-50℃)$$

のようになるのです．液体アンモニアは水に比べると解離度がはるかに小さいことがわかります．水の系のオキソニウムイオンと水酸化物イオンにそれぞれ対応するものは，液体アンモニア系ではアンモニウムイオンとアミドイオンになるわけですから，中和反応は下記のように表せます．

$$NH_4^+ + NH_2^- \rightleftharpoons 2NH_3$$

ですから，塩化アンモニウム（酸）とナトリウムアミド（塩基）との反応は

$$NH_4Cl + NaNH_2 \rightleftharpoons 2NH_3 + NaCl$$

となるわけです．水の中での強酸である塩酸（$H_3O^+Cl^-$）や過塩素酸（$H_3O^+ClO_4^-$）に対応する液体アンモニアの中での強酸は塩化アンモニウム（$NH_4^+Cl^-$）や過塩素酸アンモニウム（$NH_4^+ClO_4^-$）ということになります．つまりこの場合にはブレンステッドの酸・塩基の概念が利用可能なわけで，同じように水準化効果が認められるのです．ほかのプロトン性溶媒の例としては，氷酢酸や濃硫酸があげられます．

$$2CH_3COOH \rightleftharpoons CH_3COOH_2^+ + CH_3COO^-$$

$$2H_2SO_4 \rightleftharpoons H_3SO_4^+ + HSO_4^-$$

　非プロトン系の自己解離平衡については，いまのブレンステッド-ローリーの酸・塩基概念はもはや使えなくなってしまいます．こちらについては次講の「キャディ-エルゼイの酸・塩基」のところにやや詳しくまとめておきました．

═══════════════ Tea Time ═══════════════

危険なはずの酸の溶液の調製法

　無水の過塩素酸は，有機物と接触すると激しい爆発を起こす危険性があることはよく知られています．ですから氷酢酸を溶媒とする過塩素酸の標準溶液をつくる際には，直

接混合して調製することができません．この調製の際には，70％過塩素酸（市販品の「濃過塩素酸」です）を冷却した氷酢酸に注意して溶解し，含まれている水分をカール・フィッシャー法などで定量してから，これとちょうど反応するだけの無水酢酸を添加してしばらく放置するのです．この方法で「水を含まない」過塩素酸の氷酢酸溶液をつくることができます．

第21講

キャディ-エルゼイの酸・塩基など

　ここまではプロトン性溶媒についての自己解離をもとに説明してきましたが，非プロトン性の自己解離性溶媒についても，このブレンステッドの酸・塩基の定義を拡張した「キャディ-エルゼイの酸・塩基の定義」というものがあるのです．別名を「ソルベンスコンセプト（Solvenskonzept）」といいます．これはもともとドイツの非水溶媒系の化学の大権威であったヤンダー（G. A. Jander, 1892-1961）の創案になるものらしいのですが，アメリカのキャディとエルゼイの論文によってきちんと定義されたといわれ，そのために「キャディ-エルゼイの酸・塩基の定義」で通用しています．1922年にキャディ（H. P. Cady）とエルゼイ（H. M. Elsey）によって提案された定義によると：

● 「酸」とは
　溶媒分子の自己解離によって生じる陽イオンの濃度を高める作用を持つもの
● 「塩基」とは
　溶媒分子の自己解離によって生じる陰イオンの濃度を高める作用を持つもの

となるのです．

　これは，ブレンステッドの酸塩基をさらに拡張したものと考えることもできます．最近になって，燃料電池やイオン性液体などの分野が急成長してきていますので，この水溶液に限定されない酸・塩基システムの定義としてはこの「キャディ-エルゼイの定義」は極めて便利です（もっともドイツ語圏ではヤンダー以来の「ソルベンスコンセプト」の方が普通に使われています）．

　このままではちょっとわかりにくいかも知れませんが，ブレンステッドの酸や塩基は「プロトンの授受」が可能な化学種に限定されていたわけで，水や液体アンモニアのようなプロトン移動による自己解離が可能なものだけを論じるにはこれでよかったのですが，非プロトン性の溶媒にまで同じような扱いができるよう

にと考えられた結果なのです．

　典型的な非プロトン性の溶媒，たとえば三フッ化臭素 BrF_3 の自己解離は次のようであることがわかっています．

$$2BrF_3 \rightleftarrows BrF_2^+ + BrF_4^-$$

　このときに，溶媒の自己解離によって生じる陽イオンは BrF_2^+，陰イオンは BrF_4^- なので，たとえば $[BrF_2]^+ClO_4^-$ のような化合物が「酸」，$Na^+[BrF_4]^-$ が「塩基」として働くということになります．

　このような系を英語風には「ソルベントシステム」と呼ぶことになっているようで，溶媒の自己解離によって生じる陽イオンを含む化合物を「ソルボ酸（solvoacid）」同じような陰イオンを含む化合物を「ソルボ塩基（solvobase）」というようです．

　さらにこの概念を拡張すると，溶媒分子との反応で自己解離と同じ陽イオン（いまの場合なら $[BrF_2]^+$）を与えるものが「酸」，陰イオンの $[BrF_4]^-$ を与えるものが「塩基」ということになります．たとえば五フッ化リンをいまの三フッ化臭素に添加しますと

$$BrF_3 + PF_5 \longrightarrow BrF_2^+ + PF_6^-$$

のような反応が起きますが，このように，溶媒に添加することで酸となる陽イオンを増やす化合物は「ansolvoacid」と呼ぶようです．ですが，管見の限りこれに相当する訳語はいまのところ発見できませんでした．強いて訳すなら「アンソルボ酸」となるのでしょう．これとは逆に，たとえばフッ化カリウム（KF）などは添加によって塩基となる陰イオン（いまの場合なら $[BrF_4]^-$）を増加させる化合物ですから，「ansolvobase」となっています．こちらも無理に訳すなら「アンソルボ塩基」となるはずです．

　このような非プロトン性溶媒で自己解離を起こすものには下記のようなものがありますが，最近の新型電池の開発に際しては有用な媒質（電解質）として種々の検討が続けられているようです．非プロトン性溶媒のいくつかにおけるこのキャディ-エルゼイの酸塩基の例を表にしてみました．

　　［参考文献：H. P. Cady, H. M. Elsey, and E. V. Berger, The Solubility of Helium in Water, *J. Amer. Chem. Soc.*, **44**（7）, 1456（1922）］

溶媒	解離平衡	ソルボ酸	ソルボ塩基
四酸化二窒素	$N_2O_4 \rightleftarrows NO^+ + NO_3^-$	$NO^+[SbCl_6]^-$	$NR_4^+NO_3^-$
二酸化硫黄	$2SO_2 \rightleftarrows SO^{2+} + SO_3^{2-}$	$SOCl_2$	$[NR_4]_2^+ SO_3^{2-}$
三フッ化臭素	$2BrF_3 \rightleftarrows BrF_2^+ + BrF_4^-$	$[BrF_2]^+ClO_4^-$	$KBrF_4$
塩化チオニル	$2SOCl_2 \rightleftarrows SOCl^+ + Cl^-$	—	$[NR_4]^+Cl^-$
三塩化ヒ素	$2AsCl_3 \rightleftarrows AsCl_2^+ + AsCl_4^-$	$[AsCl_2]^+[SbCl_6]^-$	$[NR_4]^+[AsCl_4]^-$
臭化水銀(II)	$2HgBr_2 \rightleftarrows HgBr^+ + HgBr_3^-$	$HgBrClO_4$	$[NR_4]^+[HgBr_3]^-$
ヨウ素	$2I_2 \rightleftarrows I^+ + I_3^-$	ICl	KI_3

このうち臭化水銀(II)とヨウ素は常温では固体ですが，温度を上げて液化した場合の自己解離平衡の様子です．同じように二酸化硫黄は常温では気体ですが，冷却すると容易に液化しますので同じように自己解離性の液体として扱えるのです．塩化チオニルには相当する「酸」は知られていないようですが，無水の塩化アルミニウムを添加すると，下のような平衡が成立するので，溶媒分子の塩化チオニルから塩化物イオンを奪い取り，結果的に $SOCl^+$ を増加させる働きを持っていますから「アンソルボ酸」として作用することになります．

$$AlCl_3 + SOCl_2 \rightleftarrows SOCl^+ + AlCl_4^-$$

● ルックス-フロートの酸・塩基

これも同じようにプロトンを含まない系における酸・塩基の定義の一つなのですが，融解塩系や地質・岩石系，さてはガラスやセラミック関連の素材などを扱う場合に便利な定義です．ミュンヘン大学の分析化学の教授であったルックス（H. Lux, 1904-1999）が1939年（1937年だと書いてある文献もありますが）に最初に提案したものを，ノルウェイ工科大学のフロート（H. Flood, 1905-2001）が1947年になって拡充して今日の形にしたものだといわれています．
この定義によると
　「酸」とは O^{2-} イオンの受容体である．
　「塩基」とは O^{2-} イオンの供与体である．
ということになります．
　たとえば酸化マグネシウムと二酸化炭素との反応を考えてみると

$$MgO + CO_2 \longrightarrow MgCO_3$$

のようになりますが，この場合 MgO が「塩基」，CO_2 が「酸」となるわけです．

古典的な岩石の分析法ではよく融解炭酸ナトリウムによってケイ酸塩を可溶化するわけですが，このときのケイ酸分は下記のような反応でケイ酸ナトリウムに変化します．

$$Na_2CO_3 + SiO_2 \longrightarrow Na_2SiO_3 + CO_2 \uparrow$$
塩基　　酸

これは工業的にメタケイ酸ナトリウム（水ガラス）を製造する方法（乾式法）でもあるのですが，ルックス－フロートの定義に従えばこれも立派な酸塩基反応（中和反応）に当たることとなります．

［参考文献：H. Lux, "Säuren" und "Basen" im Schmelzfluss：Die Bestimmung der Sauerstoffionen-Konzentration, *Ztschr. Elektrochem.*, **45**（4），303-309（1939）］

● ウサノヴィッチの酸・塩基

1939年にカザフ大学のウサノヴィッチ（M. I. Usanovitch, 1894-1981）が提出した酸・塩基の定義は，

「酸」は水素イオンおよびそのほかの陽イオンを放出するもの，あるいは陰イオンおよび電子と結合する能力のあるものすべてを意味する．

「塩基」は陰イオンやさらには電子まで一切を含める．

というものです．この定義では電子までを塩基とすることになるので，電子の授受，つまり酸化還元反応も酸塩基反応として一括して扱うことになります．つまりすべての化学反応を酸塩基反応とみなすことになるのですが，いささか拡張解釈がすぎるとも思われ，必ずしも便利とはいえません．そのためでしょうが，今日ではこの定義が実際に用いられることはめったにないのですが，錯形成定数データの集大成である『*Stability constants in aqueous solutions*』などでは，一番最初のところに「電子との錯形成」のデータがまとめられていましたので，まさにこの定義を採用していることになります（L. G. Sillen and A. E. Martell, Stability Constants of Metal Ligand Complexes, *The Chemical Society*, Sp. Publ. 17, London（1964）などをご参照下さい）．ただ，有機化学反応における求核試薬や求電子試薬などを論じているテキスト類では，時としてこのウサノヴィッチ流の扱い（ルイスの酸・塩基（電子対単位）と，単独の電子とを包括して扱っている）が採用されています．

=========== **Tea Time** ===========

真っ白な嘘

　ショート・ショートの鬼才フレドリック・ブラウンの作品に『まっ白な嘘』というのがあって，彼の名作短編を集めた文庫本（中村保男訳，創元推理文庫）のタイトルにもなっています（この短編集の原題は『Mostly Murder』なんですが，邦訳者のお好みなんでしょう）．わが国では「真っ赤な嘘」というのが普通なのに，あちらの嘘は白いらしい（もちろん日本にだって「白々しい嘘」という言い回しもあることはありますが）．普通の英和辞典を引くと「罪のない嘘」と記してあるものが多いのですが，昨今では必ずしも「罪がない」といえるかどうかわからないもの（政治家の放言やマスコミレポータの記事みたいなもの）まで含めた使われ方が多くなっているようです．

　この作品の原タイトルは『A White Lie』ですが，実はこの「Lie」は「Lye」と掛詞（同じ発音）になっているのです．文学作品なのですから，あとは原作をお読みいただくことにしますが，「Lye」は石鹸製造に用いる灰汁のことで，ローマ時代にはまさに草木灰そのものでしたが，のちにはいわゆる洗濯ソーダを意味するようになりました．アメリカあたりでの家事秘訣集などを見ると，さすがに自家製の石鹸をつくるため（もちろん熱心な主婦は昔通りに熱心に続けられているようですが）よりは，住居や食器の油汚れを落とすための強力な洗剤として，ほとんどのお宅に常備されているようです．

第22講

固体の酸と固体の塩基

　アレニウスの酸・塩基やキャディ-エルゼイの酸・塩基はおもに溶液中での反応に着目しているわけですが，実際には溶液にならなくとも酸や塩基として挙動する物質も結構あるのです．ブレンステッドの酸・塩基の定義に従うならばこれらも同じように扱うことができるので，触媒や固相反応などの場合にはこれが重要となります．

　もともと土壌などのように高分子量のフミン酸（以前は腐植酸ともいいました）を含んでいる固体は，酸としても挙動して，地下水や肥料中の陽イオンを交換吸着し，これを植物の栄養分としてゆっくり放出する機能を持ったものです．これと同じような機能をもっと如実に発揮できるようなものとして「イオン交換樹脂」ができました．現在使われているものの大部分はポリスチレン樹脂に強酸性の官能基としてのスルホン酸基を導入したものや，強塩基性の官能基としての第四級アンモニウム基を含むものです．前者が陽イオン交換樹脂，後者が陰イオン交換樹脂です．陽イオン交換樹脂は遊離のスルホン酸形のものが安定なので，文字通り固体の酸なのですが，陰イオン交換樹脂は第四級アンモニウム官能基は水酸化物形にするとそれほど安定ではないので，通常は塩化物の形で市販，保存されています．これを水酸化ナトリウム水溶液で処理すると塩化物イオンが外れて水酸化物形になりますが，これはまさに固体の塩基です．

　実験室で「イオン交換純水」を調製する際には，この酸形の陽イオン交換樹脂と，水酸化物形の陰イオン交換樹脂を用いて，上水中の陽イオンと陰イオンを樹脂上に交換させて捕捉します．

　イオン交換の結果，代わりに出てくる水素イオンと水酸化物イオンは当然ながら当量数が等しいはずですから，直ちに中和して水分子となるので，水中のイオンは大幅に減少します．電解質イオンの溶けている水溶液は電気を導きますから，

導電率を測定して，試水を流してその導電率がある基準値以下に低下したならば，「脱塩」，つまり電解質の除去ができたことがわかるのです．

　ゼオライトや酸性白土などのように，構造の中に水素イオンを放出可能な部位（これをよく「酸点」というのですが）を含んでいるものはよく「固体酸」といわれています．正確にはブレンステッドの酸点なのですが，同じように電子対受容能力を持った部位のことを「ルイスの酸点」のように呼びます．触媒作用の研究などにはこの二種類の酸点が重要で，ブレンステッド酸点を持つゼオライトなどの固体をルイス酸（詳しくは次講）と反応させることで活性を大きく変化させたりすることもよく行われています．これは前にも記した超強酸が，ブレンステッドの酸にルイス酸を添加することで，酸としての強度が著しく増大する（酸度関数が大きく負に移動する）ことがわかります．実はこれは配位結合の生成（錯形成）が原因なのですが．

　ヨーロッパのように大陸自体のほとんどが中生代の厚い石灰岩層の上にできている場所では，天然水は雨水以外はほとんどが著しくカルシウム濃度の高いものばかりでした．産業革命が始まってから，大きな蒸気機関が各地でつくられたのですが，水蒸気発生用のボイラーの内部はたちまちに厚い缶石（スケール）で覆われてしまい，熱効率は悪くなるし，時には圧力が上がりすぎてボイラーが爆発することすら珍しくなかったのです．そのためにドイツでは，20世紀初頭にイオン交換性のあるアルミノケイ酸ナトリウム系のゼオライトを合成し，これによって原水中のカルシウムイオンをナトリウムイオンに交換して，缶石の析出を抑えることが行われました．この合成のゼオライトの製造元が「パームチット（Permutit）」社でしたので，現在普通使われている陽イオン交換樹脂も，ドイツ語圏では同じ名称で呼ばれることが多いようです．パームチット社は水処理業界の老舗ですが，現在では硬水軟化にとどまらず，鉱山廃水からの金などの貴金属の回収（まさにイオン交換の活用ですが）でも有名です．もっとも企業合併や離合集散が日常茶飯事の欧米のこと，1993年以降はシーメンスグループの一員となっているそうです（第一次大戦後，徳島の板東に設置されたドイツ軍兵士収容所（本邦でベートーベンの第九交響曲の初演が行われたことで有名になりましたが）でも，このパームチット方式（もちろんゼオライトを使ったのでしょうが，天然産のものを利用したのかも知れません）による浄水が行われ，好評だったので精

製水の一般への販売も行われたという記録が残っているそうです）．

=============== Tea Time ===============

「ボラウォッシュ」

　パトリシア・コーンウェル女史の出世作として有名になった『検屍官』（相原真理子訳，講談社文庫）は，それまでのアリバイトリックや密室トリックなどいわゆる自称本格派のミステリー作家だけが尊ぶ狭い世界から一転して，現代の先進的な科学捜査を巧みに盛り込んだ新機軸作品の草分けといわれています．なおこの探偵役のケイ・スカーペッタは，司法解剖学者でかつ法学の学位を持ち，ヴァージニア州の「検屍局」につとめているという設定になっていますが，この「検屍局」は日本での正式名称は「監察医務院」で，東京では大塚病院のそばにあり，有馬頼義氏の『四万人の目撃者』などではこちらで登場しています．もっともこのコーンウェルの作品が有名になったためか，ほかのミステリーの翻訳でも「検屍局」になっているものが増えてきています．

　発端からまもなくの場面で，それまでに起きたいくつかの殺人事件の被害者の周辺の証拠品から，共通して奇妙な蛍光性の物質が発見されるという事実が明らかになっています．蛍光性の物質というのは身の回りにも結構多種類あるものなのですが，特に蛍光染料の形で紙や繊維そのほかに広く利用されています．昔風の紫外線ランプに代わって，レーザー光源が登場したりしています．

　一方，衛生局の職員の一人に，ものすごい潔癖症らしく，ヒマさえあれば職場の洗面所で熱心に手を洗っている人物が登場します．勤務先が勤務先ですから潔癖症ならばしょっちゅう手洗いに時間を割くのもわかるのですが，この人物は自分の体臭が気になるらしく，普通の化粧石鹸などよりずっと強力な業務用洗剤（グリースなどの油汚れ除去専用）の「ボラウォッシュ」を日常的に使っていることが判明します．問題になった蛍光性物質は，この「ボラウォッシュ」に含まれていることがやがて明らかになります．

　このボラウォッシュはもちろん架空の商品名ですが，重量比で75％もの硼砂を含んでいるというのですから，水溶液にするとかなり強いアルカリ性を示す（だから業務用の洗剤なのですが）はずです．硼砂の水溶液は，分析化学でも緩衝溶液としてよく用いられるものですが，pH＝9.2ほどもありますので，安手の洗濯石鹸並みのアルカリの強さです．さぞ皮膚が荒れることでしょう．

第 23 講

ルイスの酸・塩基の定義

　1923 年にアメリカの大物理化学者のルイス（G. N. Lewis, 1875-1946）が提出した定義ですが，

　「酸とは電子対を受け取るあらゆる物質であり，塩基は電子対を供与するあらゆる物質である」

というものです．この定義に当てはまる酸をルイス酸，塩基をルイス塩基と呼びます．すなわち，ルイス酸とは電子対受容体，ルイス塩基とは電子対供与体であることになります．この定義は，ブレンステッド-ローリーの定義をさらに拡張した形で，プロトンを含まない系においても適用可能となっています．これはいってみればプロトンの性質を逆の面からみて一般化したともいえるでしょう．裸の水素イオン（プロトン）は電子を持っていませんから，電子対に対する優れた受容体としての性質を備えているわけで，こちらを眼目において酸・塩基理論を拡張したことになります．超強酸や固体酸の項でもしばしば触れましたが，このルイスの酸・塩基を使うと便利な分野がたくさんあるので，改めてやや詳しく触れておくことにしましょう．

　典型的な例として，三フッ化ホウ素（BF_3）とアンモニア（NH_3）の例を考えてみましょう．

$$BF_3 + :NH_3 \rightleftharpoons H_3N \rightarrow BF_3$$

右辺は $H_3N:BF_3$ のように記すこともよくありますが，電子対の供与方向をきちんと示すことが必要な場合には供与側から受容側へと矢印を描きます．この場合，BF_3 がルイス酸，$:NH_3$ がルイス塩基になります．多くの金属イオンはアンモニアなどの分子を付加して錯イオンをつくりますが，この場合金属イオンがルイス酸，配位子となるアンモニアなどの分子がルイス塩基となるわけです．

　いまの三フッ化ホウ素や塩化アルミニウムなどの，価電子が閉殻構造をとって

いない分子のほかにも，多くの金属陽イオンがルイス酸に属します．これらは例外なく低エネルギーの空いている軌道を持っているので，電子対を受け入れやすいのです．逆にローンペア（孤立電子対，非共有電子対と表現することもあります）を持っている水やアンモニア，いろいろな陰イオンや有機分子などはルイス塩基としての性質を示すことになるのです．ルイスがこのアイディアを提案したときには，いまのBF_3とか$AlCl_3$のように平面三角形の分子で，価電子が閉殻構造をとっていないものだけを電子対の受容体（つまり「酸」）として考えていたということですが，次第に拡張されて現在使われるようなもっと広い意味になってきました．ただ，後述の「求核試薬」，「求電子試薬」のところを参照されるとおわかりと思いますが，化学でも分野によってはこの昔風の意味だけに限定して使うこともあります．

　有機化学の方ではよく「求核試薬」とか「求電子試薬」という用語が出てきます．この「求核」は英語の「nucleophile」，「求電子」は「electrophile」に対応している言葉なのですが，ここでの「核」はおもに炭素原子を，「電子」は電子対を意味するものとして使われています．これはもともとイギリスの大有機化学者のインゴルド（C. Ingold, 1873-1970）の提案になるもので，以前は「親核」，「親電子」という訳語が用いられたこともあります．ですから，考えようによっては余分な電子対を持っている化学種は，ほかに供与することが可能だということになるので，求電子試薬と求核試薬の反応というのは，ルイスの酸・塩基反応にほかなりません．つまり求電子試薬はルイス酸，求核試薬はルイス塩基ということになるわけです．ただ，有機化学の方面では，「ルイス酸」や「ルイス塩基」を昔風の狭い意味（三フッ化ホウ素や塩化アルミニウムなどのいわゆる「電子不足化合物」に当たります）に限定して使用することが多いので，なんとなく別世界の用語のように感じられているのかも知れません．あるテキストには「求電子試薬には，陽イオン（H^+，NO_2^+など），分極によって陽性部位を持つ分子（各種ルイス酸やハロゲン化アルキル，ハロゲン化アシルなど），酸化剤，電子不足化合物やラジカルなどが含まれる」というような記載がありました．でもこれらは，酸化剤を別にすると，ほとんどが通常使われているルイス酸の中に含まれるものばかりです（ウサノヴィッチの定義での「酸」なら酸化剤も含めることになりますが）．ただ，有機化学の反応機構については，もっと精細な議論がたたかわされて

きたために，単純なルイスの酸塩基反応としては片付けられないところが多々あるのです．その中でも重要なのは，試薬による立体化学的な反応部位の差異や，細かい反応機構の研究なので，有機化学での反応を論じる向きにはこのように別扱いにしておいた方が便利だということなのでしょう．ただ，通常のルイスの酸塩基反応と密接なかかわりのある分野であるということにはやはりここで触れておく必要があろうかと存じます．ルイスの酸とルイスの塩基との反応では，アダクト（付加物）が生じることになります．そのために，化学のいろいろな分野でこの反応が利用されているわけですが，その中でいくつか，予想外のところでの重要性の発揮された例を次講で紹介しておきましょう．

============ Tea Time ============

ソーダの産地と恐竜の化石

　内蒙古の北部からモンゴルの南部は，その昔（中生代）のテチス海の東端部に当たる窪地で，浅い汽水領域で恐竜たちの楽園だったといわれています．北京からモンゴルのウランバートルを経てシベリア鉄道に連絡する国際鉄道幹線が，内蒙古とモンゴルとの国境と交叉する場所に「二連」（アルレン，蒙古語ではErlan（エレン）というらしい）という町があり，ここが現在では天然ソーダの採掘の中心的な鉱業都市となっています（筆者の亡父が第二次大戦以前（1930年代）に内蒙古を畜産調査のために踏査した頃は，駅とその周辺の貧相な家屋数軒だけの文字通りの寒村だったということですが）．

　もちろんその昔からこの地区で天然ソーダはほそぼそと採掘され，万里の長城を越えて華北へと運ばれていました．別項の「梘水」のところに記したように，あちら名産の小麦粉と混ぜて中華麺をつくるための必需品だったのです．

　もちろん現在の天然ソーダの採掘には，巨大なブルドーザーとダンプカーが活躍しているわけですが，この際に恐竜の骨の化石が大きな塊としてあちこちから出てくるのが邪魔で仕方がないのだそうです．恐竜研究家の故金子隆一氏が以前にこの二連まで足を運ばれたときのお話では「この大きな塊がそこら中にゴロゴロしていて，小学生だってたちまちのうちに見事な化石のコレクションができるぐらいですよ」ということでした．

第24講

アダクト形成・錯形成

　アレニウスの酸と塩基の反応（中和反応）では，生成物は水分子でした．そのあとに提案されたブレンステッド-ローリーの酸・塩基の反応では，生成するものは少しでも弱い酸と少しでも弱い塩基の組み合わせとなります．キャディ-エルゼイの酸と塩基の反応では，生成するものは溶媒分子となるわけで，同じく「酸・塩基反応」と呼ばれるものでも，その生成物には違いがあります．もちろん小学校あたりの理科のように，「塩が生じるのだ」という風に割り切ることもできますが，ただ実際の反応からするとこちらは副次的なものです．

　ルイスの酸・塩基反応は，「塩基」の持つ孤立電子対が，空いた軌道を持っている「酸」へと供与されることにほかなりません．ルイスの最初のアイディアでは，「酸」は空いた価電子殻を持つ正三角形の分子，たとえば BF_3 や $AlCl_3$ だけを意味していたようですが，やがてこれが拡張されて，正三角形分子には限られなくなりました．

　これよりさき，19世紀末頃の無機化学の世界の一つのトピックとして重要だった「金属錯塩」の研究において，スイスのヴェルナー（A. Werner, 1866-1919）が，いわゆる「高次化合物」の構造や結合状態を説明するために提案した「配位説」があります．コバルト(Ⅲ)錯塩は，$CoCl_3 \cdot 6NH_3$（黄色），$CoCl_3 \cdot 5NH_3$（紅紫色），$CoCl_3 \cdot 5NH_3H_2O$（ばら色），$CoCl_3 \cdot 4NH_3$（緑色），$CoCl_3 \cdot 4NH_3$（紫色）などのようにわずかな組成の違いで大幅な化学的性質の違い（色調や電荷など）があることで，当時の無機化学者を悩ませていました．ヴェルナーは，当時では分析値と色調ぐらいしか特徴付けの手段がなかった複雑怪奇なコバルト(Ⅲ)錯塩（ドイツ語で Komplexsalz，なお日本語訳を「錯塩」に定めたのは，味の素で名高い池田菊苗先生だったということです）に対して，1893年に，次のようなアイディアを提案しました．

「単純な塩類（塩化ナトリウムや硫酸銅など）においては，原子と原子との結合は通常の原子価結合でできているが，さらなる高次化合物をつくる際には，これとは別の分子間に働く結合力がある．この際，一次化合物（今の場合なら $CoCl_3$）をつくっている結合を主原子価，これにさらに付加する別の化合物（NH_3 や H_2O）との結合に対して「側原子価」（あるいは「副原子価」）という名称を与える．配位する原子（イオン）や原子団（これらを「リガンド（配位子）」と呼ぶ）の数は，コバルト（III）の場合には最大 6 となる．同じように白金（II）なら 4 となる．空間的にこれらの配位数を満足させるような構造を考えると，配位数 6 の場合には正八面体，配位数 4 の場合には正四面体か正方形のどちらかとなるだろう．」

　これは，まだファントホッフやケクレ以来の有機化学における分子構造論すら反対者の多かった当時の欧米の化学界（といってもアメリカはまだまだヨーロッパに比べるとずいぶんおくれていましたから，事実上西ヨーロッパだけ）に大激動を巻き起こしたのです．なにしろいまと違って分子分光学もX線構造解析もまだ登場していませんでしたから，物理化学的手法を利用することなど最初から無理です．それでもヴェルナーは，実験巧者の門下生とともに反対論を一つ一つ潰して，自説の正しいことを証明しました．この功績でノーベル化学賞を受けたのが 1913 年のことでした．

　この，配位子と中心金属イオンとの間の結合こそ，まさにルイスの電子対供与による結合にほかならないのです．つまりいまの場合なら，コバルト（III）のイオンが電子対受容体，アンモニアや水分子，あるいは塩化物イオンが電子対供与体として働くわけです．こうなると，金属錯体の形成も，まさにルイスの酸・塩基反応にほかならないことがわかります．

　白金（II）の錯体については，これより何十年も前に，塩化白金とアンモニアの錯体であるジクロロジアンミン白金（II）（$PtCl_2 \cdot 2NH_3$）には二種類の異なった塩（ペイローヌ塩（Peyrone salt）とライセット塩（Reisset salt））があることが知られていました．同じように MA_2B_2 タイプであるジクロロメタン（塩化メチレン）は一種類だけしかないことから，炭素は正四面体構造であることがわかったのですが，このジクロロジアンミン白金（II）が二種類あることから，これは正方形タイプでなくてはまずいことがわかったのです．このジクロロジアンミン白金

（Ⅱ）のうち，塩素原子とアンモニア分子が隣接して配位しているものの正式名（英語名）は cis-dichlorodiammineplatinum（Ⅱ）というのですが，cis-はラテン語で「こちら側」を意味する接頭辞です．これがペイローヌ塩で，昨今抗癌剤として有名になった「シスプラチン」の本体にほかなりません．また，塩素原子とアンモニア原子がそれぞれ向かい合わせになったものは trans-dichlorodiammineplatinum（Ⅱ）で，この trans-は同じくラテン語の「向こう側」を意味する接頭辞です（こちらがライセット塩に当たるのです）．

カエサル（シーザー）が活躍していたローマ時代には，現在のフランス地域は「Gallia transalpina」，北部イタリア（ロンバルディア）は「Gallia cisalpina」と呼ばれていました．それぞれアルプス山脈の向こう側とこちら側を意味した名称だったのです．

=========== Tea Time ===========

下水管清掃剤

わが国での下水管の清掃は，ほとんどの場合高圧水流利用で，化学薬品を使用するのはどちらかといえば珍しいケースに属するようです．つまり物理的な手法で片付くのです．下水管が詰まるのは，植物の根が入り込んだりした場合を別にすると，カビや石鹸滓（ほとんどはカルシウムやマグネシウムなどが沢山含まれている場合だけ）などによるぬめりで，最近では油脂分も問題になるようになりました．以前に関西で，大阪のさる有名な料理学校の先生が「油を揚げ物なんかに使って傷んだら，もう使わん方がよろし」というお話をされたらしく，そのために大阪近郊の主婦連が，フライや天ぷらに使ったあとの食用油を全部台所の流しに空けてしまうという何とも勿体ない現象が起きました．この先生のご託宣は実は「（揚げ物には）使わん方がよろし」という意味だったのですが，そそっかしい主婦たちが誤解してしまったのです．食用油の製造業は儲かったでしょうが，大阪近郊（東郊）はもともとその昔の「河内湖」（神武天皇東征の際の軍船は，この湖の奥の生駒山の麓まで直接アクセスできたのです）のあとで，地面の勾配が著しく緩やかですから下水道にも廃油が溜まりやすかったのです．その結果あちこちで下水がつまって大騒ぎになり，この頃では「固めるテンプル®」などという，使用済みの油をゲル化して可燃ゴミとして廃棄できるようなポリマーも登場しました．

通常の塩素系の殺菌漂白剤などでも下水道の汚れはかなり除けるので，普通の日本の

家庭からの排水ならこれでほぼ大丈夫なのですが，欧米の主婦たちは日常の調理にも動物性の油脂（ヘット（牛脂）やラード（豚脂））をかなり大量に使用される傾向があります．これらの動物性の脂肪は，調理時には加熱するので容易に液体となりますが，廃棄されたものが下水に入ると，冷却されて固化するために，管を閉塞してしまいます．このための対策としては，かなり強力なアルカリ性の水溶液（数％の苛性ソーダ）を流して，固化した油脂を鹸化して水に可溶にする方法が採られます．第21講の「真っ白な嘘」のところでも触れた家庭用のアルカリ剤の「Lye」の用途の一つでもあったのです．
　現在なら配水管のほとんどはポリ塩化ビニル製のものが使われるようになり，酸やアルカリには耐えるのですが，昔の下水管は陶製や鉛製のものが主でしたから，強アルカリを流したら，さぞ傷んだことでしょう．

第 25 講

相乗効果（シナジズム）

　第二次大戦中，アメリカでいわゆる「マンハッタンプロジェクト」と呼ばれた機密研究が開始されました．もちろん原子爆弾の製造にかかわる物理・化学・工学など一切の科学者たちを巻き込んだ国策プロジェクトでありました．

　このときに，ウランや核分裂生成物 F. P.（フィッションプロダクトの略称です）の分離・精製が大問題となり，古典的な分離精製法に加えて，いろいろと新しい試薬が開発されたり，新規な装置や器具がつくられたりしたのです．現在のわれわれはそのおこぼれ（ハイカラには「スピルオーヴァー」などというようですが）を結構利用しています．

　ウランやトリウムなどのアクチニド元素の抽出分離には，19世紀以来の硝酸塩のエーテルによる溶媒抽出が最初のうちはもっぱら利用されていました．ですが1930年代になると，プラスチック工業が次第に発達してきた結果，もともと可塑剤や不燃化剤として開発されたリン酸エステル系の化合物や，キレート生成能力を持っている $β$-ジケトン誘導体などがこの分野にも利用されるようになったのです．ケトン類やリン酸エステルなどは，ウランやトリウムの塩とアダクトをつくり，これが有機溶媒に可溶となることで便利な抽出試薬となりました．現在でも「PUREX」法として知られているウランの精製法は，硝酸ウラニルとリン酸トリブチル（TBP）のアダクト（錯体）が有機溶媒に可溶となることを利用したものです．このほか，メチルイソブチルケトン（MIBK）やトリオクチルホスフィンオキシド（TOPO）などが使われ，現在でも広く利用されています．

　アクチニドやランタニド元素の溶媒抽出には，いまの中性の配位子のほかに，キレート生成試薬も広く用いられました．中でも有名なのは，よくTTAと略称されるテノイルトリフルオロアセトンでした．これはいろいろな金属イオンと安定な錯体を形成しますし，抽出条件を変えることで，目的外の金属との分離も比

較的容易に行えることで，これら以外の金属イオンに対してもさまざまな条件で研究が進んだのです．第二次大戦も終わって十数年後の 1960 年代に，このようなキレート生成試薬と，TBP のような中性配位子を併用すると，有機溶媒層への分配比が著しく大きくなることが発見されました．つまりそれぞれ一方の試薬だけを用いた場合に比べると，飛躍的に抽出効率が上昇するのです．この効果に対して「synergistic effect」という名称が与えられ，日本語では「相乗効果」ということになりました．この相乗効果はもともと医学や薬学で用いられてきた用語で，二種類の薬剤を併用して投与したとき，それぞれ単独の場合よりも格段に有効となる現象を指していたのですが，同じような意味だということで転用されたのです．

　この溶媒抽出における相乗効果は，二次的な錯形成，つまりキレート配位子との反応で生じた中性錯体（これ自体，親水性の度合いが減って疎水性が増加していますから，抽出されやすくなっています）に，さらに抽出機能を持つ中性配位子が結合して（アダクトを生じて），分配係数が大きくなることにほかなりません．ですから，中心となる金属イオンのサイズが小さいと，キレート配位子だけで周囲がぎっちりと埋まってしまい，さらに中性配位子を付加することができないので，この相乗効果はほとんど認められないことになります．ですから，比較的サイズの大きなイオンをつくるランタニドやアクチニド元素において顕著に認められるのは，これらのイオンの錯体の場合には配位数の上限がある程度緩やか（フレキシブル）で，二次的な付加錯体を生成するだけの余地があるというためです．ランタンやセリウムなどの軽希土類元素よりも，原子番号のずっと大きいイッテルビウムやルテチウムなどの方が，この相乗効果が現れにくくなる傾向があるのは，ランタニド元素の場合，原子番号の増大とともにイオン半径が小さくなる，いわゆる「ランタニド収縮」現象のため，中性配位子を付加できる空間的な余地がずっと狭くなってしまっているからです．

　この場合の中性配位子としてよく用いられるのは，上記のようにリン酸トリブチルに代表される中性リン酸エステルや，トリオクチルホスフィンオキシド，あるいはジブチルスルホキシドなど，P=O 原子団や S=O 原子団を持つものが多いのですが，これらはかなり混み合った金属錯体の中の限られたスペースにすんなりと入り込めるような，つまり鍵穴にうまくはめ込める鍵のような構造（官能基）

を持っているからです．ケトンやエステル，アルコール，アミンなどはこれらに比べると相乗効果を示す度合いが小さく，特にアミンの場合など置換基がたくさん結合した場合には配位することができなくなってしまいます．これらの中性配位子の二次錯形成の強さは，およそのところ次のようになっています．

$$R_3P=O > (RO)_3P=O > R_2S=O > R_2C=O > R\text{-}OH \sim R\text{-}NH_2 > R\text{-}CN$$

もちろん置換基の大きさや構造などによってかなりの揺らぎはありますけれど，大体がこの順番になっています．なお，酸性リン酸エステル（リン酸ジブチルとかリン酸ジ(2-エチルヘキシル)など）を抽出試薬とした場合，解離したエステルはキレート配位子として働き，未解離のまま（中性分子）の方がアダクト形成作用を示すといういささかややこしい系になることもあります．

ランタニドやアクチニド以外の金属錯体では，この抽出時の相乗効果が認められている例はあまり多くないのですが，いくつかの2価の金属錯体の場合には，キレート配位子が二つ結合すると，配位サイトのうち四箇所が満たされ，残りの二つには水分子がついたままの錯体が安定に生じるケースが少なくありません．このような場合には，生成したキレート錯体は親水性が大きいので有機溶媒に抽出することはできないのが普通ですが，この配位している水分子を置き換えるような中性配位子があれば，溶媒抽出分離が可能となります．つまり相乗効果が出現することになります．

========== Tea Time ==========

酸性染色と塩基性染色 （ヘマトキシリン・エオシン染色）

これは細胞学や組織学の標本作製に際して重要な染色法なのですが，なぜ「酸性」，「塩基性」という言葉が使われているのかきちんと説明してあるテキストは少ないようです．ヘマトキシリンはもともと熱帯産のマメ科の植物の蘇枋（スオウ）の幹材から採取される紅紫色の色素の主成分で，pHや媒染剤によっていろいろと異なった色調を呈するのですが，標準的なヘマトキシリン染色では細胞核や骨組織，軟骨組織などを染色することができます．この場合，明礬（みょうばん）などのアルミニウム塩を含む試薬で処理し，そのあと酸化剤と反応させるので，青紫色に発色します．これは「ヘマトキシリン好性」というのが本来なのですが「好塩基性」ということの方が多いのです．ヘマトキシリンは典型

的な「塩基性色素」（陽イオン性の色素）には必ずしも属さないのですが，でも以前からこういわれているのです．これはむしろヘマトキシリンとアルミニウムとの錯体が，化学的に塩基性色素と類似した挙動を示すことを意味しているのでしょう．よく，ヘマトキシリンは青紫色の色素で…と書いてある臨床関係の本がありますが，ヘマトキシリンはもともと血赤色の木材から取る色素で（名前もそういう意味です），青紫色というのは染色したあとの話です．草木染めなどでは酢酸アルミニウム媒染で見事な赤色に染め付けます．

　これだけでは顕微鏡観察がむずかしいもののためには，対比染色としてエオシンによる染色を行います．エオシンは入浴剤に入っているフルオレッセインの臭素置換体で，赤インキなどにも使われていますが，いわゆる「酸性色素」に属します．これによって赤血球や結合組織，細胞質，内分泌顆粒を明るい赤色に染色できます．

第 26 講

NMR シフト試薬

　一見酸塩基反応とはほとんどかかわりのない，プロトン NMR 測定の分野で一時広く用いられた「ランタニドシフト試薬」というものがあります．実はこれも中性の金属錯体（ルイス酸）とルイス塩基とのアダクトの生成を利用したものなのですが，あまりこちらの面から触れた解析は行われてはいないようです．

　いまのように超伝導マグネットが普及して高磁場 NMR が当たり前になるまでの時代，複雑な有機化合物のプロトン NMR のスペクトルを解析するために広く利用されたものでした．そもそも NMR の化学シフト値は測定周波数に依存しませんが，そのスペクトル線の重なりの分離幅は測定周波数に比例するのです．何十年も昔，人間がつくれる磁場（永久磁石でも電磁石でも）の強さには，磁性材料の限界があるために，数千ガウスから一万ガウス（現代の SI 表示なら 0.1〜1 テスラ）が普通で，100 MHz でプロトン NMR を測定できるなんて夢みたいという時代があったのです（100 MHz の NMR では，共鳴磁場強度は 2.35 テスラですが，これを達成するにはポールピース（磁極片）やプローブなどにひとかたならぬ工夫をしてようやく可能でありました）．

　そうすると，複雑な有機化合物に多いメチルプロトンからメチレンプロトンの領域には多数のシグナルが重なって，微細構造が消えて「布団着て寝たる姿」状態になってしまい，多重線の解析など望めない状態になってしまうのです．1969 年のこと，アメリカの南イリノイ大学の生化学者のヒンクリー（C. C. Hinckley）が，コレステロールの四塩化炭素溶液に，常磁性のユウロピウム錯体である $Eu(dpm)_3 \cdot 2Py$（ここでの dpm はジピバロイルメタナト配位子，Py はピリジンの略記号です）を添加してプロトン NMR の測定を行ったところ，このもやもやとして分離できなかったメチルおよびメチレンプロトンのスペクトルが，微細構造がそのままで相互によく分離されたスペクトルを与えるという短い報告を発表

しました．それまでにこの複雑なプロトン NMR スペクトルの解析に悩んでいた有機化学者は，早速このユウロピウムキレートの採用を試み，またもっと優れた試薬の開発も行われました．実はこれよりもずっと以前に，常磁性の金属錯体に対する有機配位子のアダクトにおいて，化学シフトが増大するという報告はいくつかあったのですが，当時はまだ第一遷移金属の錯体ばかりが主対象で，ランタニド元素の化合物はまだ著しく高価でもあり，普通の有機化学者にとっては入手がむずかしかったのです（ところが 1960 年代頃からカラーテレビが普及し，「キドカラー」などという製品（蛍光体に希土類元素が使われています）が有名になった頃から，製造スケールがアップして，高純度の化合物が格段に安価となったため，いろいろな方面へと用途が広がったのです）．その後もっとも普及したのは，$Eu(fod)_3$ と略称されるトリス（ヘプタフルオロジメチルオクタンジオナト）ユウロピウムキレートで，これがルイス酸として働き，いろいろな官能基を持つ有機化合物分子がルイス塩基となってアダクトを形成するのです．その結果，ユウロピウム（Ⅲ）の磁化率の異方性による常磁性シフト（擬コンタクトシフト）の影響がアダクト錯体の中での相対的な位置によって大きく異なることによって，本来ならば化学シフトがあまり大きく違わないそれぞれのプロトンのシグナルを明瞭に分離して測定することが可能となりました．このときに，シフト試薬への配位しやすさの経験的な順番がだんだんわかってきて，およそのところ次のようになると整理されました．

$$R_3P=O > (RO)_3P=O > R_2S=O > R_2C=O > R-OH \sim R-NH_2 > R-CN$$

これから複数の官能基を含む化合物の場合に，優先的に試薬が結合するのはどちらかが推定可能となりました．また特定の官能基だけと相互作用するように溶媒を選択したりすることも可能となったのです．

　これはいってみればシフト試薬との親和性の順番といったことになるのですが，これも前講で触れた「相乗効果」と同じように，ランタニド錯体の二次錯形成を利用したものにほかなりません．

　この場合も，アダクト（二次錯体）の生成しやすさは，前講の相乗効果の場合とほぼ同じようになります．複雑な有機化合物の場合には，一つの分子の中に複数の配位可能な原子団が含まれる場合がよくあるのですが，そのような場合にはこの列での左側の方が優先的に配位すると考えていいでしょう．

ですが，配位可能な原子があっても，その周囲に邪魔となるような大きな置換基がある場合にはアダクト形成は起きません．たとえば，ピリジンは弱いけれどもアダクトを形成できる（ヒンクリーが最初に使った試薬はピリジンアダクトでした）のですが，アルコールよりは配位しにくいので，コレステロールがアダクトを形成して常磁性シフトを与えたのです．ですがピリジンの窒素の両隣の位置にメチル基が結合している 2,6-ルチジンは，この置換基による立体障壁のためにシフト試薬と反応しないのです．

=========== Tea Time ===========

『倭人傳』の調味料

　邪馬台国ブームは度々繰り返されるようですが，実際にこの『倭人傳』の原文をきちんと読んで，しかももともとの正史である『三国志』の『魏志』や『呉志』の本紀までを調べた上での議論というのはほとんどないようです．この『倭人傳』も実は『東夷傳』の一部をわれわれが便宜上こう呼んでいるだけなのですが．

　『三国志』の編者の陳壽（233-297）はもともと蜀の人で，もちろん渡海の経験などありません．それでも，もし現代に生きていたら，文化人類学や民族学，言語学などに通じた広い才能の持ち主だったろうと思われるのですが，はるばる倭の国に使いした外交使節や軍人たちの報告・記録を集め，苦労の末にまとめたものがこの『倭人傳』なのです．このわずか数百字から成る記述の中にもやはりよく見ると不一致の点が散見し，限られた資料だけで史書を編むのに苦心した著者の苦労が伺えます．この使節たちの報告書の写し（今日風ならコピペ）みたいに見える語句も混じっています．

　この中に「有薑橘椒蘘荷，不知以爲滋味」という字句があります．「薑（ショウガ），橘（タチバナ），椒（サンショウ），蘘荷（ミョウガ）があるけれど，上手な料理法を知らない」という意味のようです．元同志社大学の故森　浩一先生の『食の体験文化史』（中公文庫）によると，この「不知以爲滋味」というのは，一部の学者先生のいわれるように「食することを知らず」ではなくて，「大陸風のおいしい食べ方を知らない」という負け惜しみだろうというのです．当時の大陸の人々は，野菜類は火を通したものだけしか口にしなかった（現代の中国人と同じ）ので，新鮮な生の野菜を食用とすることがかなり奇異に感じられたらしく，この直前のところに「倭地は温暖にして冬夏ともに生菜を食す」と記してあるぐらいです．生薑や茗荷は酢と相性がいいので，この「橘」も果物ではなく酸味料として活用していたのでしょう．当時のわれわれのご先祖はなかなか

の食通だったようです．現在のわれわれにも，茗荷の酢漬けや酢取り生姜や紅生姜は日常の食品としてすっかりお馴染みのものですが，この中にも二千年前からの歴史がこめられているといえます．

第27講

ドナー数とアクセプター数

 ブレンステッドの酸・塩基と同じように，ルイス酸やルイス塩基の強さの尺度があると便利であることには異論はないだろうと存じます．この強さの尺度としてオーストリアのグートマン（V. Gutmann，当時ウィーン工科大学教授）が1976年に提案したドナー数（Donor Number；DN）は，標準的な強いルイス酸として五塩化アンチモン($SbCl_5$)を選び，常温常圧下では，ほとんど配位能力を持たない1,2-ジクロロエタン溶液中において，これといろいろなルイス塩基とが1：1付加物（アダクト）を形成する際のエンタルピー変化（$-\Delta H$）を測定して，kcal/mol単位で表した値です．つまりルイスの酸・塩基反応に熱力学的な尺度を導入したわけです．

$$SbCl_5(l) + :B \longrightarrow B \rightarrow SbCl_5$$

身近な簡単な化合物の DN は

化合物	DN
ベンゼン	0.1
水	18
ピリジン	33

のようになります．

 同じように電子対を受容する性質の強弱を示すパラメータとして，「アクセプター数（Acceptor Number；AN）」が定義されました．これはトリエチルホスフィンオキシド（$(C_2H_5)_3P=O$）をアクセプター能力を持つ溶媒中で測定したときの^{31}P-NMRの化学シフトの値として定義されたものです．

$$(CH_3CH_2)_3P=O + A \longrightarrow (CH_3CH_2)_3P=O \rightarrow A$$

この場合には，上の式のようにアダクトが生成することよってP=O原子団のローンペアが影響を受け，その結果がリン原子の遮蔽の変化として現れるのです．

化合物	AN
ヘキサン	0
ベンゼン	2.3
水	82
五塩化アンチモン	100

　実際に数多くの溶媒類についてのドナー数とアクセプター数のリストをまとめたものを下に紹介しておきます．この値はドナー数の昇順にしてありますが，アクセプター数の方とは一見したところあまり関係らしきものが見あたりません．でもいわゆる脂肪族炭化水素溶媒であるヘキサンやヘプタンは，ドナー数とアクセプター数のどちらもゼロであることと，アミド基やアルコール性水酸基，カルボキシル基などを含むものはドナー数，アクセプター数のどちらも大きくなっていることがこの表からも読み取れるかと思われます．

	DN	AN		DN	AN
ジクロロエタン	0	16.7	プロパノール	19.8	37.3
ヘプタン	0	0	ジメトキシエタン	20	10.2
ヘキサン	0	0	酢酸	20	52.9
四塩化炭素	0	8.6	テトラヒドロフラン	20	8
ベンゼン	0.1	8.2	イソプロピルアルコール	21.1	33.8
ジクロロメタン	1	20.4	ブチルアルコール，tert-	21.9	27.1
ニトロメタン	2.7	20.5	フェニルエタノール	23	33.8
クロロホルム	4	23.1	ベンジルアルコール	23	36.8
ニトロベンゼン	4.4	14.8	リン酸トリメチル	23	16.3
ベンゾニトリル	11.9	15.5	リン酸トリブチル	23.7	9.9
アセトニトリル	14.1	18.9	ホルムアミド	24	39.8
ジオキサン	14.3	10.3	ジメチルホルムアミド	26.6	16
スルホラン	14.8	19.2	メチルホルムアミド	27	32.1
炭酸プロピレン	15.1	18.3	メチルピロリドン	27.3	13.3
酢酸メチル	16.3	10.7	ジメチルアセトアミド	27.8	13.6
アセトン	17	12.5	ジメチルスルホキシド	29.8	19.3
酢酸エチル	17.1	9.3	テトラメチル尿素	31	9.2
ブチロラクトン	18	17.3	ジエチルアセトアミド	32.2	13.6
水	18	54.8	ピリジン	33.1	14.2
蟻酸	19	83.6	ヘキサメチルホスホルアミド	38.8	10.6
メタノール	19	41.5	ジエチルアミン	50	9.4
ジエチルエーテル	19.2	3.9	エチレンジアミン	55	20.9
エタノール	19.2	37.9	トリエチルアミン	61	1.4
ブタノール	19.5	36.8			

===== Tea Time =====

炭素サイクル

　環境分野で昨今喧しい「地球温暖化」問題ですが,最近になって過去の地層からのデータとコンピュータシミュレーションを駆使した結果,ずいぶんいろんなことがわかってきました.

　実は地殻（岩石圏）と大気圏,水圏,生物圏を全部合計したとき,この中の炭素の量は 2.52×10^{22} g あることがわかっています.同じ範囲にある酸素の量は 5.90×10^{22} g です.このうち炭酸塩（CO_3^{2-}）の形となっているものと,有機炭素化合物の形で堆積岩に含まれているものが炭素の大部分を占めていて,大気中に存在する炭素（もちろんほとんどが二酸化炭素ですが）は 7.0×10^{11} トン,つまり 7.0×10^{17} g と推定されています.

　太古代（現在では古い方から「冥王代」,「始生代」,「原生代」の三つに分ける分類がよく行われているようですが）における気候変動や大気・海洋組成の変動は,想像を絶するほど激しかったようです.始原的な地球が誕生しても,しばらくの間は高熱の火の玉状態でした.やがて大気温度が低下して,水の臨界温度以下となった時点で,大気中の水溶性の気体を溶かし込んだ雨が降り始めるわけですが,この頃の大気中には,二酸化硫黄や塩化水素,フッ化水素などぐらい（まだ酸素がなかったと考えられるので）が含まれていたはずですから,ものすごい強酸性の雨が地表に降り注いだことでしょう.もちろん地表だってまだ高温なのでたちまちに蒸発し,その分熱が奪われるので冷却される速度は上がってくるのですが,やがて摂氏100度以下にまで下がると,凹地に水溜まり（つまり原始的な海洋）が生じたというプロセスが考えられています.強酸性の雨は,地表にあった塩基性の化合物と反応して,可溶性になったものはこの原始海洋へと送り込まれ,ここで堆積したと思われるのです.現在の地球環境では不安定で堆積しそうもない二酸化ウランに富んだ鉱床が,世界各地の古い地層から発見されているのも,このように考えれば説明がつくのです.

　このような古気候学の研究はまだ始まったばかりなので,大騒ぎとなっている地球温暖化現象など,そのちょっとした揺らぎでしかありません.株価のわずかな上下に一喜一憂するマスコミみたいなものだと苦言を呈された大先生も居られました.ただ,資源の有効利用という観点からすると某元宰相のようにヒステリックに極端な解決策を求めるよりも,もっと地道な対策と研究が望まれることだけはたしかです.

第 28 講

ドナー数の予測・推定

このドナー数（DN）をいくつかのパラメータを用いて推算する試みが，ドラゴ（R. S. Drago）とウェイランド（B. B. Weyland）の二人によって提出されています．彼らはかなり多数のケースについての測定結果をもとに，A-B 結合の生成エンタルピー ΔH^O を求める下のような式を提案しました．

$$-\Delta H^O(\text{A-B}) = E_A E_B + C_A C_B$$

ここで E はイオン結合性のパラメータ，C は共有結合性のパラメータです．典型的なものについてまとめてみると下の表のようになるそうです．

ルイス酸	E	C	ルイス塩基	E	C
$SbCl_5$	15.1	10.5	NH_3	2.78	7.08
$B(CH_3)_3$	12.6	3.48	ベンゼン	0.23	2.9
SO_2	1.88	1.65	ピリジン	1.17	6.40
I_2	2.05	2.05	メチルアミン	1.30	5.88

このようにして得られた E と C なる二種類のパラメータを用いることで，多数の金属イオン（34種類）と，いろいろな単座の配位子間の錯形成定数を予測したところ，実測値とかなり良好な一致が得られたということです．

ただ，これに対しては，いたずらにパラメータの数を増やしているだけで，それぞれの数値の意味するものがまだ不明確のままだという意見もあり（パラメータの数を増やせば一致はよくなるのは当たり前だろうというのです），せっかく簡潔にまとめられたものをまた複雑化しただけではないかという厳しい批判があることも事実です．

ところで，反応熱などの熱測定を精密に行うのは実は結構大変なのです．そのために，ドナー数もアクセプター数と同じようにほかの機器分析法で用いられている測定器で簡便に求められないかという要求が出てくるのは至極当然ともいえます．

カリフォルニア大学のプラウスニッツ教授（J. M. Prausnitz）の研究室から，実際にいくつかの溶媒について，クロロホルム（$CHCl_3$）のプロトンのNMRスペクトルを測定し，その化学シフト（これはつまりクロロホルムのプロトンが周囲の溶媒の電子雲の影響をどのぐらい受けることになるかの指標です）と，これらの溶媒のドナー数との相関関係を調べたという報告が出ています．書誌情報は次の通りです．

[S. Hahn, W. M. Miller, R. N. Lichtenthaler and J. M. Prausnitz, Donor number estimation for oxygen- and nitrogen-containing solvents via proton NMR shift of chloroform, *J. Solution Chem.*, **14** (2), 129-137 (1985)]

実際にドナー原子が窒素と酸素の溶媒13種を用いて，クロロホルムのプロトンNMRシグナルの化学シフト差 $\Delta\delta$（純クロロホルムと試料溶媒中のクロロホルムとの差をppm単位で測定した値）とドナー数（DN）との間の関係を調べたところ，

$$DN = 7.4 - 16.6\Delta\delta$$

という直線関係が得られました．この関係を用いてほかの何種類かの溶媒についてDNの推定を行ったところ，極めてよい一致が得られたということです．プロトンNMRの測定装置は，現在ならばほとんどの化学系の研究室で使えるものですから，精密な熱測定よりもかなり容易に短時間でDNを求めることが可能となったわけです．もっともドナー原子が窒素と酸素以外のものの場合には，同じ式が使えるかどうかはまだ確実ではありませんが，比較的特殊なものに属しますから，この二種類の溶媒だけでも実用上の価値はかなり高いといえます．

===== Tea Time =====

金星の大気

アメリカの高名な天文学者カール・セーガン（C. E. Sagan, 1934-1996）が，ロシア（当時はソヴィエト）の金星観測用宇宙探索機ヴェネラがはるばる送ってきた観測データから，当時としては破天荒な結論を導いて大論争になったのは，いまでも語りぐさになっています．それまでは，金星全体をおおっている厚い雲の下では，地球の熱帯に相当するような高温多湿な気候で，ひょっとしたら巨大生物が住んでいるかも（そのような設定のSF小説や映画が沢山あります）と考えられていました．

ヴェネラ観測機は前後16回にわたって打ち上げられたのですが，このうち1967年に

打ち上げられたヴェネラ4号は，地球外の惑星大気の分析結果を送ってきたものの，大きな大気圧によって観測機がつぶれてしまったため，高層大気のみでした．この観測機は25気圧までには耐えられるようにつくられていました．セーガン（当時はまだ若手のチャキチャキでした）が，「送られてきたそのようなデータが正しいとすれば，大気はもっと濃密で，地表付近の温度も圧力ももっと高いだろう．地表まで到達しないうちに壊れたとしか考えられない」と主張したところ，ソヴィエトの天文学者の中でもさる大先生が「いや，これは高い山の頂上に落ちたに違いない，それなら観測結果と矛盾しないのだから」と宣うたそうです．「そんなことは確率的にいって無理でしょう」とセーガンが反駁したところ，この大先生は「レニングラード（現在ならサンクトペテルブルクですが）の動物園には象が一匹しかいなかった．この象が爆弾の直撃で死亡する確率と，あなたのいわれる確率と比べたらどんなものでしょう？」と切り返したという話（実際にこの象は空襲で直撃弾を受けて死んだそうです）です．金星の地表はまだそれほど高温高圧だとは思われていなかったのです．その後打ち上げられた5号と6号も同じように金星大気の高い圧力で破壊されてしまいました．

その後アメリカのマリナー観測機によるデータから，金星地表の大気の圧力は75〜100気圧ぐらいあることがわかり，その後のヴェネラ観測機はもっと高圧に耐えられるものに変更され，ヴェネラ7号はついに軟着陸に成功しました．表面温度は735 K (462℃)，圧力（大気圧）は地球の92倍もあることがわかったのです．

これはいわば温室効果の暴走した結果ともいえるのですが，金星全体を囲んでいる厚い雲の成分については，赤外線スペクトルの測定結果から，濃硫酸の小さな滴からできていることがわかりました．これはおそらく金星地表の火山活動で放出された二酸化硫黄が，強烈な太陽光線の下で高温高圧状態（超臨界状態）の水と反応して生じたものであろうと考えられています．

図13 ヴェネラ7号着陸船
[Wikimedia Commons]

第29講

HSAB 理論

　別名の「ピアソンの酸・塩基理論」でもよく知られている「HSAB 理論（Hard-Soft Acid-Base Theory）」は，1960年代のはじめ頃（1963）に，ノースウェスタン大学のピアソン（R. Pearson, 1919-）によって提案されたものですが，最初は錯体化学の分野を主対象としたものでありました．現在では化学のほかの広い分野においても，化合物や錯体の安定性や反応機構，反応経路などまでを巧みに説明可能となり，また定量的な尺度も導入されてきたので，高く評価されています．ここでの「acid」と「base」の指すものはルイスの酸と塩基に相当する化学種で，「hard」と「soft」の訳語としては通常「硬」，「軟」が用いられていますが，実際には電子雲の変形しやすさなどに基づいているので，「剛」と「柔」の方がふさわしいと思われます．もっとも，多くのテキスト類には「硬軟酸・塩基理論」のように記してあります．ひょっとしたらこれは，現代中国語訳が下地になっているのかも知れません．彼の地ではコンピュータのハードウェアとソフトウェアを表す言葉はそれぞれ「硬件」，「軟件」になっていますから，そちらに引きずられた訳語が選ばれた可能性はあります．

　ピアソンの「ハードな酸」，「ハードな塩基」とは次のような特徴を持つ化学種です．
- 原子半径やイオン半径が小さい．
- 酸化数が大きい．
- 分極率が小さい．
- 電気陰性度が大きい（これは塩基の場合のみ）．
- ハードな塩基は，低エネルギーの最高占有分子軌道（HOMO）を持っている．
- ハードな酸は高エネルギーの最低非占有分子軌道（LUMO）を持っている．

これに対する「ソフトな酸」,「ソフトな塩基」とは，次のような特徴を持つ化学種ということになります．
- 原子半径やイオン半径が大きい．
- 酸化数が小さい．ゼロやマイナスのこともある．
- 分極率が大きい．
- 電気陰性度が大きい．
- ソフトな塩基の HOMO は，ハードな塩基よりも高いエネルギー準位にある．
- ソフトな酸の LUMO は，ハードな酸よりも低いエネルギー準位にある．

典型的なハードな酸としてはまず H^+ があげられます．これは裸のプロトンですから，変形・分極可能な電子雲を持たないので，本当に「ハード」な酸です．これに続くものとしてアルカリ金属やアルカリ土類金属の陽イオン，イオン半径の小さい（酸化数の大きい）遷移金属イオン，電子数の少ないルイス酸（BF_3 など）が好例でしょう．典型的なハードな塩基としては，フッ化物イオン（F^-），水酸化物イオン（OH^-）をはじめとし，アンモニア，酢酸イオン，炭酸イオンなどがあげられます．ハードな酸とハードな塩基から生じる化合物のほとんどはイオン性のもの，つまり「塩」としての性質を示すのです．

そうすると，ソフトな酸とは CH_3Hg^+，Pt^{2+}，Pd^{2+}，Ag^+，Au^+，Hg^{2+}，Hg_2^{2+}，Cd^{2+}，Tl^+ などのように，原子番号が大きくてかつ低酸化数の金属イオンということになります．普通のルイス酸の中では BH_3 がこの中に含まれるでしょう．同じようにソフトな塩基には，H^-，R_3P，SCN^-，I^- などの分極しやすい陰イオンや配位子が含まれることになります．このほか，π電子系を含むオレフィンや芳香環などもソフトな塩基に含まれることになります．ソフトな酸とソフトな塩基との結合は，イオン性よりも共有結合性の方が卓越してきます．

化学種をこのように分類すると，
「ハードな酸はハードな塩基と反応しやすいし，安定な化学種をつくりやすく，
逆にソフトな酸はソフトな塩基と反応しやすく，安定な生成物を与える」
ということになるのです．

わが国風の表現をとるならば「牛は牛連れ馬は馬連れ」ということになるでしょうか．この理論をピアソンが提案したときは，もともとかなり定性的なものでした．いろいろな化学反応，中でも遷移金属錯体の化学において，金属錯体の生

成など種々の化学種の挙動を巧みに説明することができました．その後の研究結果も踏まえて，ルイス酸とルイス塩基のうちで，ハードなものとソフトなものをそれぞれリストすると，およそのところ下の表のようになることがわかります．ハードネス（硬さ，剛さ）とソフトネス（軟かさ，柔かさ）のそれぞれ大きい方から配列してありますが，この表をご一覧になれば，さきほどの「牛は牛連れ」関係がよく現れていることがおわかりだろうと存じます．

酸		塩 基	
ハードなもの	ソフトなもの	ハードなもの	ソフトなもの
ヒドロニウム H^+	水銀 CH_3Hg^+, Hg^{2+}, Hg_2^{2+}	水酸化物 OH^-	水素化物 H^-
アルカリ金属 Li^+, Na^+, K^+	白金 Pt^{2+}	アルコキシド RO^-	チオレート RS^-
チタン Ti^{4+}	パラジウム Pd^{2+}	ハロゲン F^-, Cl^-	ヨウ素 I^-
クロム Cr^{3+}, Cr^{6+}	銀 Ag^+	アンモニア NH_3	ホスフィン PR_3
フッ化ホウ素 BF_3	ボラン BH_3	カルボン酸 CH_3COO^-	チオシアン SCN^-
カルボカチオン R_3C^+	p-クロロアニル	炭酸イオン CO_3^{2-}	一酸化炭素 CO
ランタニド Ln^{3+}	金属単体 M_0	ヒドラジン N_2H_4	ベンゼン C_6H_6
	金 Au^+		

中間的なもの，つまりハードな酸とソフトな酸の中間に位置するものの例としては，トリメチルボラン，二酸化硫黄などの分子が「中間的な酸」といえます．金属陽イオンだと二価の鉄 Fe^{2+}，二価のコバルト Co^{2+}，セシウム Cs^+，二価の鉛 Pb^{2+} などがここに属するでしょう．逆に中間的な塩基には，アニリン，ピリジンそのほかの含窒素塩基，アジドイオンや，臭化物イオン，硝酸イオン，硫酸イオンなどが属します．

このハードネスやソフトネスを定量化しようという試みはかなり以前からいろいろと試みられたのですが，その中の一つに極めてソフトな酸の典型であるメチル水銀イオンと，いろいろなルイス塩基 BH との平衡の定数を測定して尺度としようというものがありました．

$$BH + CH_3Hg^+ \rightleftharpoons H^+ + CH_3HgB$$

この HSAB 理論を用いることで，うまく説明できるいろいろな現象を下に列挙してみます．
- 金属単体の表面はソフトな酸とみなせるので，硫化物やホスフィンなどのソフトな塩基と結合してしまうと，触媒作用が大幅に減少してしまう．つまりこれ

らは「触媒毒」として働くのである．
- 液体フッ化水素や水などのハードな溶媒や，ほかのプロトン性溶媒は，同じようにハードな溶質であるフッ化物イオンや酸素を含む陰イオン類などと強固な溶媒和を起こす（→超強酸）．これとは対照的なソフトな溶媒，たとえばアセトンやジメチルスルホキシドは，もっとサイズの大きい分子やソフトな陰イオン類との親和性が大きい．
- 錯体化学における配位子と中心金属イオンとの反応においては，ソフトな酸とソフトな塩基，ハードな酸とハードな塩基との相互作用が大きいことが顕著に認められる．

ここまでは定性的な理解としてかなりよくまとまった理論だといえます．ただ，隴を得て蜀を望むのは世の常，これに定量的な扱いが加わればもっといいだろうと思う化学者，特に有機化合物を扱う方々からの注文が増えてきて，そちらへの考慮も必要となったのです．

===== Tea Time =====

クワズイモとシュウ酸

わが国に産する里芋（サトイモ）は，熱帯から亜熱帯地域に産するタロイモの同族の中でもっとも北方に生育可能なもので，えぐ味や渋味が少ないものですが，サトイモ科サトイモ属（*Colocasia*）に分類されます．観葉植物として珍重されるクワズイモとは同じ科ではありますが属が違い（クワズイモ属，*Alocasia*），耐寒性などにも大きな差が見られます．クワズイモはわが国だと四国の南半分ぐらいから南でなければ育ちません．こちらが食用にならないのは，芋や茎の内部に，シュウ酸カルシウムの結晶が大量に含まれているためです．

もちろん普通の里芋にもこのシュウ酸カルシウムの針状結晶は含まれているので，里芋を素手で洗うとよく手がかゆくなったりするのはこれが原因なのです．そのために，農家の方々は深い桶に水と里芋を入れて，長い棒や板を入れて手を入れずにかき回せるように工夫されているのですが「芋の子を洗う」というが雑踏の形容になっているのはここからきています．なお最近では回転する金網の籠に入れて流れを利用して洗う「芋水車」もあるようです．この操作で皮に近い部分にあるシュウ酸カルシウム分は大部分

除去されますから，そのあと加熱調理すると，残っている結晶は壊れるので，粘膜への刺激（結晶が刺さるための不快感など）がなくなるのです．

　ところがクワズイモの場合には，含まれているシュウ酸カルシウムの針状結晶の量が桁違いに多いのです．シュウ酸カルシウム結晶自体はもろい固体なのですが，このクワズイモの細胞の中では，周囲を蛋白質でおおわれたかなり強靱な針状結晶（一種のバイオミネラル）となっていて，これが舌や口中粘膜に刺さることで著しく不快な味（えぐ味）やかゆみ，ときには炎症すら起こすのです．

　メキシコあたりに生育しているアロカシア属のものには，うっかり茎を傷つけたりして，にじみ出てくる粘液が手足の皮膚に触れると，それだけで手の施しようがないほど腫れ上がってしまうというおそろしいものもあるようです．もちろん口に入ったら大変で，運が悪いと呼吸困難になって死亡したという例まであるそうです．

　ところで一時期，ホウレンソウやパセリにシュウ酸が含まれているから食べてはいけないというご託宣が出たことがあります．例の「買ってはいけない」本と同じような，「いわゆるその道の権威」らしいトンデモ学派の先生方の執筆されたものでしたが，シュウ酸そのものが含まれている植物は，スイバ（スカンポ）やギシギシ，カタバミなどでそれほど多いものではありません．大多数の「シュウ酸を含む」といわれた植物（野菜も）はほとんどがシュウ酸カルシウムの形になっています．

　シュウ酸カルシウムも，今のクワズイモのように大量に含まれていれば大問題なのですが，普通の里芋や長芋（これも人によっては調理時に手がかゆくなったりしますね）に含まれている分量ぐらいなら身体に対する影響などありません．トンデモ学派の槍玉にあげられたホウレンソウだって，数十kgぐらいを生のままで食べたなら，シュウ酸中毒が起きるかも知れません．こんな本をお書きになった先生方は，おそらくは鯨なみの大きな胃袋をお持ちなのだろうと，さる化学の大先輩が皮肉たっぷりに批評しておられました．

第30講

HSAB理論の定量化

　このHSAB理論に定量的な尺度を導入しようという試みはいくつかなされたのですが，その中でもパー（R. Parr）とピアソンが試みたもの（1983）がもっとも簡明でわかりやすいと思われますので，その結果を紹介しておきましょう．パーはピアソンのノースウェスタン大学での同僚で，電子状態の計算法であるPPP法（Pariser-Parr-Pople法）や，DFT（密度関数法）などで有名な大先生でもあります．

　ピアソンとパーが1983年に提案したHSAB理論の定量的な意味，つまり「化学的なハードネス」は

「対象とする化学種についての全エネルギー（E）の電子数の変化に対する二次微分値」をもって「化学的ハードネス（η）」とする．

というものです．ここでの電子数の変化は，それぞれの原子核の周囲の条件を不変のままとしたときの値です．式で表すと

いくつかの化学種についての化学的ハードネス（電子ボルト(eV)単位）

酸			塩基		
水素イオン	H^+	無限大	フッ化物イオン	F^-	7
アルミニウムイオン	Al^{3+}	45.8	アンモニア	NH_3	6.8
リチウムイオン	Li^+	35.1	水素化物イオン	H^-	6.8
スカンジウムイオン	Sc^{3+}	24.6	一酸化炭素	CO	6.0
ナトリウムイオン	Na^+	21.1	水酸化物イオン	OH^-	5.6
ランタンイオン	La^{3+}	15.4	シアン化物イオン	CN^-	5.3
亜鉛イオン	Zn^{2+}	10.8	ホスファン	PH_3	5.0
二酸化炭素	CO_2	10.8	亜硝酸イオン	NO_2^-	4.5
二酸化硫黄	SO_2	5.6	水硫化物イオン	SH^-	4.1
ヨウ素	I_2	3.4	メタン	CH_3^-	4.0

$$\eta = \frac{1}{2}\left(\frac{\partial^2 E}{\partial N^2}\right)_Z$$

のようになります．添字の Z は，対象原子以外の環境は不変であることを示しています．ここで係数の（1/2）はつけられないこともあるのですが，後述のマリケンの電気陰性度値との比較のためもあって，近年では係数のついた式の方がよく使われているようです．

この化学的ハードネスは，二次微分を三点有限差分方式で求めて得られたものを使用することが多いのです．すなわち

$$\eta \approx \frac{E(N+1) - 2E(N) + E(N-1)}{2}$$

$$= \frac{(E(N-1) - E(N)) - (E(N) - E(N+1))}{2}$$

$$= \frac{1}{2}(I - A)$$

このような式で求めるわけですが，ここで I はイオン化ポテンシャル，A は電子親和力にほかなりません．このような表現をとるならば，問題とする化学システムにおいてもしバンドギャップが存在しているなら，そのギャップの幅と化学的ハードネスとは比例しているということを意味しているともいえます．

このエネルギーの電子数による一次微分は，問題とする系の「化学ポテンシャル（μ）」にほかなりません．すなわち

$$\mu = \left(\frac{\partial E}{\partial N}\right)_Z$$

のようになりますから，有限差分法近似で一次微分値を求めると

$$\mu \approx \frac{E(N+1) - E(N-1)}{2}$$

$$= \frac{-(E(N-1) - E(N)) - (E(N) - E(N+1))}{2}$$

$$= -\frac{1}{2}(I + A)$$

のようにして求められます．ここで得られた値は，実は次に示すマリケンの電気

陰性度（χ）の符号を変えたものにほかなりません．すなわち $\mu = -\chi$ となるのです．

マリケン（Mulliken）の電気陰性度は，中性原子の第1イオン化エネルギー（IE_1）と電子親和力（EA_1）の平均値として定義されています．ポーリングの電気陰性度と違って，これは絶対的に定めることが可能であり，標準を設定する必要がないから便利で，すなわち $\chi = (IE_1 + EA_1)/2$ として求められます．

二次微分値を同じようにして計算すると

$$2\eta = \left(\frac{\partial \mu}{\partial N}\right)_z \approx -\left(\frac{\partial \chi}{\partial N}\right)_z$$

のようになります．「ハードネス」が電子雲の変形の尺度を意味するものだとすると，たしかにこれで定量性を与えることができます．ハードネスの逆数をソフトネスだと定義すれば，もしハードネスがゼロとなった場合には，ソフトネス，つまり「柔性」が無限大とみなすことができます．

この方式は，錯体化学や比較的単純なルイスの酸塩基反応の説明にはずいぶん有益で，それまでの定性的な理解にとどまっていたさまざまな現象を巧みに量的に解明することが可能となりました．平衡定数や反応熱（エンタルピー変化）の予測なども使われるようになりました．当然ながらそれならもっと広いほかの分野，たとえば有機化学の複雑な反応や触媒活性そのほかにも同じように適応できるだろうという動きが現れ，もっと複雑な有機化合物をも対象として，この理論の応用も試みられるようになりました．

ですがやはり有機化学の場合には，立体的な因子や，さらには速度論的パラメータなど（上の HSAB 理論は，もともと熱力学的な考察が基本ですから，そのような分野にまで話を広げることは矛盾を導入する可能性がかなりあるのです），もっと複雑怪奇な因子が入ってくることも当然考えられ，実際に「これではうまく説明することが不可能である」という論文が近年になって発表された例もあります．

それにもかかわらず，無機化学や錯体化学の分野においてはこの HSAB 理論は実用上極めて便利な概念で，ほかの分野で不具合が発見されようと，これからも広く利用されていくことでしょう．あまり範囲を広げすぎた外野からのノイズは無視したって構わないのです．

=== Tea Time ===

HSAB 理論と鉱物の圧縮率

どちらかといえばミクロやナノの世界の原子やイオンなどの熱力学的性質である「chemical hardness」や「chemical softness」と，マクロな物質の性質との相関を見出そうという試みは，結構古くから（といってもピアソンとパーが定量化を試みてからですが）行われてきました．その中の一つの例として，元素鉱物や簡単な塩類など（立方晶系のもの）について，HSAB 理論からのハードネス（硬さ）と，引っ掻き硬度，つまり鉱物や塩類などの固体のもつ「硬さ」との間の相関を調べたという報告が，早くも 1987 年に発表されています．この論文の書誌事項は下のようで，ピアソンとともに HSAB 理論の定量化を試みたパーが共著者の一人となっています．

　　[W. Yang, R. Parr and L. Uytterhoevan, New relation between hardness and compressibility of minerals, *Phys. Chem. Minerals*, **15**（2），191-195（1987）]

かれらは 27 種類の元素単体と，二成分系の金属ハロゲン化物や酸化物，硫化物などのカルコゲン化物，いくつかの炭化物などを 66 種類（もっとも一つだけはスピネルなので三成分系化合物ですが）について，計算で得られたケミカルハードネスと，実測値との相関を求め，かなり大ざっぱではありますが両者の間にプラスの相関関係が存在することを示しました．

ただ，ここで一つ問題となるのはここでの「硬度の実測値」として，「モース硬度」が採用されているのに，かなりの試料について小数点以下二桁までの値が載っているのです．ということは，これはおそらく何らかの手法で推定した値であり，ほんとうの測定値ではないことを示しています．たとえば酸化マグネシウム（マグネシア）の硬度の実測値として，5.33 という値を採用していますけれど，普通の天然マグネシア（ペリクレース）のモース硬度は，鉱物図鑑などをみれば 4 なのです．モース硬度は 5（燐灰石）と 6（長石類）の間の場合には 5.5 と記すのが通常で，小数点以下 2 桁も記すことは通常は行われません．

マクロな試料の硬度の実測値としてせっかく採用するならば，ヴィッカース硬度（ビッカース硬度と書いてあるテキストも多いのですが）の方がまだ信頼のおける値となるはずです．こちらはダイヤモンド製の針を用いて，その圧痕の大きさから求めるのですが，こちらであればもっとはっきりした相関性が認められた可能性があります．ただ 1987 年当時，これほど広汎な硬度のデータの集積がほかになかったから致し方なかったのかも知れません．

ただ，鉱物や岩石の圧力による変形というのは，地球物理学や地震学の方においても

大きな問題となっているので，グリューンアイゼンの状態方程式などのような高温高圧状態を記述する方程式に含まれるパラメータなどとの相関が認められれば，またいろいろと新しい知見が得られると考えられます．

付　録

簡単な NMR の説明

　原子核（核種）の中には核スピンを持つものと持たないものがあります．陽子と中性子とがともに偶数個でできている核種のスピンは原則としてゼロなので，それ以外のほとんどの原子核は核スピンを持っていることになります．核スピンがある核種はゼロでない磁気モーメントを持っていることになりますから，このような原子核が磁場の中に置かれたときには，いくつかのエネルギー状態をとることになり，そのエネルギーレベルの数はスピンを I としたとき $(2I+1)$ 個になります．

　普通の水素の原子核（^{1}H）や ^{13}C，^{31}P などはスピン 1/2 の核なので，とりあえずこれを例にとって説明することにしましょう．

　スピン 1/2 の核は静磁場中では基底状態と励起状態の二つのエネルギーレベルをとることができます．この両レベル間のエネルギー差に等しい電磁波を，対象

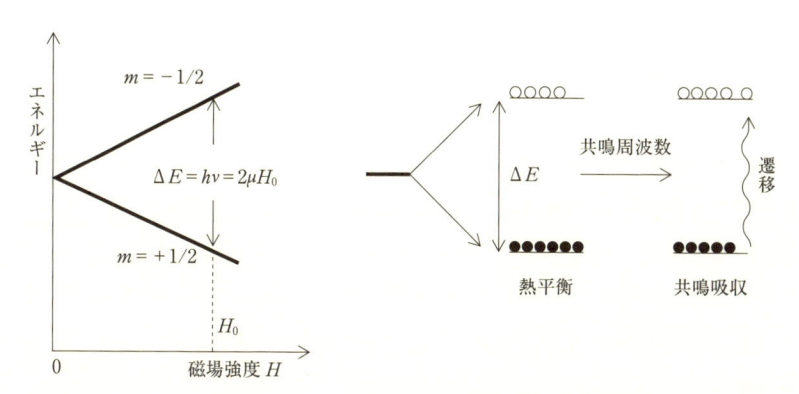

図 14　外部磁場によるエネルギーレベルの分裂（左）と熱平衡時と共鳴吸収時の原子核の存在状態（右）
［北海道大学理学部生物科学科（高分子機能学）学生実験テキスト］

とする原子核に与えると，ちょうど合致した場合だけ共鳴吸収が起きて，上のエネルギーレベルに励起されることになります．この余分なエネルギーは，安定な熱平衡状態に到達するためにはなにかの形で放出されるわけですが，このときにはおもに同じ周波数の電磁波として出てきます．以前もっぱら用いられた連続波（continuos wave：CW）方式の分光計では，励起に用いる電磁波源のコイルと直角方向に出てくる信号を検知して，この強度測定から共鳴の起こる位置を求めるのでした．最初は周波数を固定して磁場の方を変化させる磁場掃引方式（これは水晶発振器などの安定度の高い高周波発振器の方が得やすかったため）がもっぱら用いられ，そのために現在でも化学シフトの記載に「低磁場側」とか「高磁場側」という表現が用いられますが，これは後述の化学シフトの表現方式からもおわかりのように，それぞれが「高周波側」，「低周波側」と同じ意味です．ですが永年磁場掃引方式に馴染んできた研究者たちは，いまでもこちらの表現を愛用しています．

　励起用の高周波源をパルス変調した場合には，パルスを切ると，この原子核から放出される電磁波は時間とともに減衰していくのが観測できますが，これが「自由誘導減衰（free induction decay：FID）」と呼ばれるもので，この信号波形を解析することで，もともとの原子核がどのようなシチュエーションに存在しているのかがわかるのです．

　前述のようにNMRは，アメリカでブロッホとパーセルによって現象が最初に発見（1945）されてからしばらくの間は，もっぱら物理学者だけの興味の対象でしたが，やがて測定対象となる核の種類が多くなると，同じ核種なのに共鳴条件が異なるケースがいくつも見つかってきました．面倒くさいことはよそへ丸投げするのは洋の東西や分野を問いませんから，彼らは「これはきっと試料をつくった化学者のせいだ」ということで「chemical shift」という名称を与えたのです．早速わが国の物理学の大先生がこれに「化学ずれ」という訳語を与えたのですが，さすがにこの先生の門下以外はだれも使用しませんでした．これが後で述べる「化学シフト」の発見なのです．いまではESCAやXPSなどの他の分光学の分野でも化合物中のサイトによるスペクトル線の偏倚も同じように「化学シフト」で表現するようになっています．

● 化 学 シ フ ト

　化学種の中に存在している核スピンを持つ原子核は，多かれ少なかれその周囲に存在している電子雲のために磁気遮蔽を受けているので，その結果として下の表にある共鳴点とは多少とも違った場所で共鳴点が観測されることになります．この共鳴点の差の周波数（$\Delta\nu$）を共鳴周波数（ν）で割った値（比）を化学シフトと呼ぶようになりました．ですが，本当に裸の原子核の共鳴周波数は，通常は正確に求めるのが極めて難しいので，便宜的に選定された特定の化合物の中のあるシグナルを基準とすることになっています．プロトンの場合にはテトラメチルシラン $(CH_3)_4Si$（TMS）のメチルプロトンを基準（ν_0）とし，これからの $\Delta\nu$ を ν_0 で割った数値として記載するのが常です．記号は σ で，$\sigma=(\Delta\nu/\nu_0)$ となるのです．

　プロトンのNMRスペクトルの化学シフトは通常 δ で表しますが，プロトンの場合にはほぼ百万分のいくつという値になるので，TMSからのシフトの値をppm単位（高周波側（つまり低磁場側）をプラスにとることになっています）で表示しますが，有機化学の論文の場合にはTMSを10，$\delta=10$ の点を0とおくスケールを用いることも少なくありません．この場合の化学シフトは τ（タウ）値と呼びますが，これには通常単位をつけず，$\tau=2.01$，あるいは 2.01τ のように記します．δ，τ のいずれにせよ，この単位にすると，化学シフトの値は測定周波数（あるいは測定磁場）には依存しないのです．化学シフトの範囲は，軽い核種の場合

代表的な核磁気共鳴を示す安定同位体

核種	天然存在比 (%)	スピン I ($h/2\pi$)	磁気回転比 γ (10^7rad T^{-1}s^{-1})	共鳴周波数 (MHz) (2.348 Tにおける)	相対強度[*]
^{1}H	99.28	1/2	26.7510	100.00	100
^{13}C	1.108	1/2	6.7263	25.144	0.0159
^{15}N	0.37	1/2	-2.7116	10.133	1.04×10^{-3}
^{19}F	100.00	1/2	25.1665	94.077	0.83
^{29}Si	4.67	1/2	-5.3188	19.865	7.84×10^{-3}
^{31}P	100.00	1/2	10.841	40.48	0.07
^{2}H	0.016	1	4.1064	15.351	9.65×10^{-3}
^{14}N	99.63	1	1.9331	7.22	1.01×10^{-3}
^{17}O	0.04	5/2	-3.6264	13.557	0.0291
^{27}Al	100.00	5/2	6.9704	26.057	0.21
^{59}Co	100.00	7/2	6.3472	23.614	0.28

J. Emsley, *The Elements* (*3rd ed.*), Oxford Univ. Press (1998) より抜粋
[*] 一定磁場中の同数の核に対しての感度

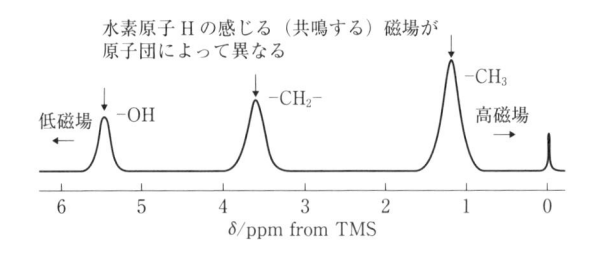

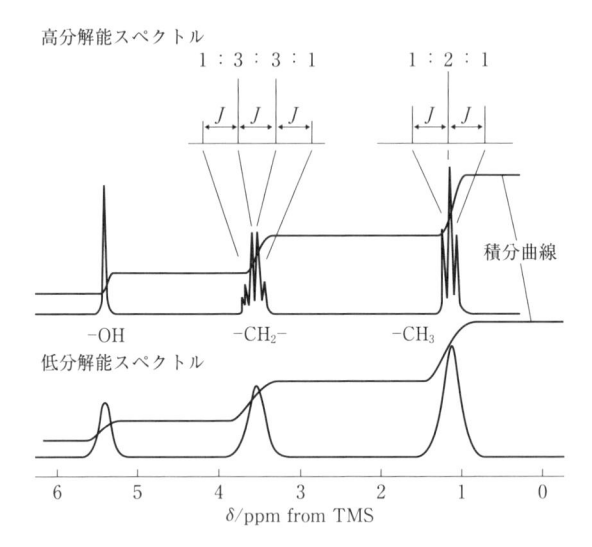

図15 エタノールのプロトン NMR スペクトルの例

環境によってスペクトルの位置が違ってくる（化学シフトが異なる）ことがわかります．下のスペクトルは分解能がもっと高くなった場合です．一番下のスペクトルは強度を積分した曲線も併記してありますが，強度がプロトンの数に比例していることがわかります．
［北海道大学理学部生物科学科（高分子機能学）学生実験テキスト］

には ppm 単位で測定可能ですが，^{59}Co や ^{195}Pt のような重い原子核になると何万 ppm（つまりパーセントの桁）になることも珍しくありません．

● **カップリング定数**

　プロトンのように幅の狭い NMR スペクトルを与えるものの場合，近くにゼロでないスピンを持つ核が存在していると，そのスピン状態によって測定対象となっている核の磁気遮蔽に影響を与え，その結果スペクトル線に分裂が現れ，多重

線となります．この時のスペクトル線の分裂する間隔を「スピン-スピンカップリング定数」といい，記号は J，単位は Hz です．この値も測定周波数に依存しないので，測定周波数が高いほど，隣のシグナルの多重線構造と重なる度合いが少なくなり，解析が簡単になります．このカップリング定数に影響を与える因子はいろいろありますが，中でも重要なのは分子の立体構造による違いです．

2013年のノーベル化学賞を受けられたハーヴァード大学の Karplus 教授は，研究領域は極めて多方面にわたっているのですが，以前から NMR を使ってきたわれわれには，立体配置やコンフォメーションを解析するための「Karplus の式」で永年お馴染みの名前であります（M. Karplus, 1963）．この式は隣り合わせの炭素に結合したプロトンの間のカップリング定数 J の大きさと H–C–C–H の3本の結合のつくる2面角（ϕ）との関係を表したもので，次のようになっています．

$$J(\phi) = A\cos^2\phi + B\cos\phi + C$$

ここで A, B および C は原子および置換基に依存する経験的パラメータです．これからコンフォメーションが eclipsed の位置と trans の位置で J が極大となるのです．なお，このカップリング定数を表すとき ^3J，あるいは J_{vic} のように記すこともありますが，^3J の肩付きの3は間にある結合の本数，下付きの vic は英語の「vicinal」の略で，隣接位置であることを示しています．

●等　価　性

NMR は高周波の電磁波を利用しているので，この高周波の1周期よりも短い時間でサイトの交換が起きている場合には個々の識別ができません．ほとんどの化合物でメチル基のプロトン NMR シグナルが鋭い1本となっているのは，メチル基が骨格との結合軸の周りに高速度で回転運動をしているからなのです．立体障壁の大きい場合や著しい低温条件などでは，この回転が遅くなってそれぞれ別々のシグナルを与えることもあります．

化学シフトが等しいサイトにある場合には「物理的等価性」，化学シフトと関与するすべてのカップリング定数が等しい場合には「化学的等価性」と呼んで区別することもありますが，通常はこのうちの化学的等価性だけを指しているようです．

● 線幅と緩和

　高周波の電磁波で共鳴を起こすと，核スピンのエネルギーは上のレベルにある数が増えます．つまり温度が上がった状態となります．このために得た余分なエネルギーは，電磁波なり熱なりの形で放出されたり，他のスピン系にエネルギーを送り込んだりして減衰していくわけですが，この現象を「緩和」といいます．臨床診断に用いられる MRI は「magnetic resonance imaging」つまり「核磁気共鳴撮像法」で，この緩和の度合いの違いを利用して，生体組織（大部分が原子番号の小さな元素ばかり）の中のプロトンの存在状態を立体的に観察できるように工夫されたものです．癌などの悪性腫瘍組織においてはプロトンの緩和時間が長く，逆に血液や組織液などは緩和時間が短いことを利用して，3次元画像処理によってかなり小さい癌でも一々切開手術をしなくとも存在場所が確定できるようになりました．

　このほかに励起状態にある核のエネルギーを失わせる機構としては，核が四極子モーメントを持っている場合（四極子緩和）や常磁性電子の影響を受ける場合（常磁性緩和），さらには分子の熱運動による緩和現象などがあります．詳しくは拙訳のケンプの本*あたりをご参照下さい．

　　*山崎　昶（訳），『やさしい最新の NMR 入門』，培風館（1988）
　　　（原書：W. Kemp,『NMR in Chemistry：A Multinuclear Introduction』, Macmillan（1986））

索 引

ア 行

赤酒　33
アクセプター数　115
あく抜き　64, 73
灰汁巻　14
アダクト　102, 107, 112, 115
アダム・シャール　83
アルカリ金属　34
アルカリ性食品　14, 34
アルカリ性泉　22
アルカリ度　34, 35, 36
アルカリ土類金属　34
アルカリ白土　21
アレニウス　46, 49
アレニウスの酸・塩基　46, 97
　──の定義　57
安山岩　16, 18
塩梅　73
アンモニアソーダ法　41

胃液のpH　50
硫黄酸化物　64
イオン交換樹脂　97
イオン交換純水　97
池田菊苗　36, 103
イル・ヴェスパジアーノ　15
陰イオン交換樹脂　97

ヴァン・スライク　67
ヴェスパジアヌス皇帝　14
ヴェネラ観測機　119
ヴェルナー　103
ヴォルタ　24, 46
ウサノヴィッチの酸・塩基　95
宇田川榕菴　1

旨味　36

えぐ味　37
エッチング　83
エドウィン・ドルードの謎　77
塩安ソーダ法　42
塩化金酸　26
塩化白金酸　26
塩基性アミノ酸　69
塩基性岩　17
塩基の酸度関数　81
塩類植物　38

王水　26
オキソ酸　25
オキソニウムイオン　46, 49
オストワルト　46
温室効果の暴走　120
温泉法　21

カ 行

解離性溶媒　89
化学的ハードネス　126
化学ポテンシャル　127
核分裂生成物　107
かぐや　18
花崗岩　16, 19
苛性　29
苛性アルカリ　29
苛政は虎よりも猛なり　29
煆性マグネシア　30
活性白土　20
活量　80
金関丈夫　78
カーボナタイトマグマ　43
辛味　37

カールスベリ研究所　48
カールスベリ社　3
カール・セーガン　119
監察医務院　99
緩衝作用　12
緩衝指数　67
緩衝能　67
緩衝能力　64
緩衝溶液　66
緩衝容量　68
顔水　51, 102
緩性アルカリ　32, 49
岩盤浴　10

基性岩　16, 17
揮発性アルカリ　32
キャディ-エルゼイの酸・塩基　92, 97
求核試薬　101
求電子試薬　101
旧約聖書　30, 62
強アルカリ性泉　22
強塩基　59
強酸　58
強酸性泉　22
強水　83
共役塩基　58, 63, 77
共役酸　58, 77
強リン酸　88
金属錯塩　103
キンバライト　19

グートマン　115
グリューンアイゼンの状態方程
　式　130
黒髪みかげ　19

索引

黒酒 33
黒灰 40
クロロ金酸 26
クロロ酸 25
クロロ白金酸 26
クワズイモ 124

ゲイ＝リュサック 24
血液のpH 4
ケルプの灰 38
検屍局 99
減速材 47
玄武岩 16
玄武洞 18

鉱酸 26, 75, 85
高次化合物 103
合成酢 28
硬度の実測値 129
硬軟酸・塩基理論 121
鉱物の圧縮率 129
固体酸 98
骨格標本 78
コマチアイト 19
コールラウシュ 3

サ　行

蔡倫 53
錯塩 103
錯形成定数 118
左巻健男 12
酸解離定数 59, 60
酸消費量 35
酸性アミノ酸 69
酸性雨 64
　　──の凝縮物 28
酸性岩 17, 17
酸性紙 53
酸性泉 22
酸性白土 20
酸素酸 24
酸点 98
酸度関数 60, 80, 86, 87

酸濃度の余対数 3
酸の強度 60
酸や塩基の強さ 50
酸や塩基の濃度 50

シェーレ 40
磁化率の異方性 112
自己解離 93
自己解離性溶媒 89
シスプラチン 105
篠田 統 27
渋味 37
弱アルカリ性泉 22
弱塩基 59
弱酸 59, 63, 76
弱酸性泉 22
重炭酸ソーダ 41
条件定数 59
硝酸ウラニル 107
食品の酸性度とアルカリ性度
　13
人尿 15

水酸化物イオン 46
水準化効果 58, 77, 90
水素イオン 46
　　──の活量濃度 3
水素酸 24
スピルリナ 43

石英安山岩 19
セーレンセン 3
洗濯ソーダ 30
閃緑岩 16

曹灰長石 18
相乗効果 112
草木灰 32
ソーキソバ 33, 52
ソーダ灰 31, 38, 39, 40, 41
ソフトな酸・塩基 122
ソルヴェイ 38, 41
ソルヴェイ法 38, 41

ソルトケーキ 40
ソルベンスコンセプト 92
ソルボ塩基 93
ソルボ酸 93
ソロンチャク 21

タ　行

大同類聚方 27
炭酸水素イオン 36
タンニン 37

チオ酸 25
地球温暖化 117
窒素酸化物 64
中華麺 52
中華料理の文化史 65
中国食物史 27
中性岩 17, 17
中性泉 22
超塩基性岩 17
超基性岩 17
張競 65
超強酸 60, 82, 85, 87
超酸性岩 17

デイサイト 19
デーヴィー 24, 46
テノイルトリフルオロアセトン
　107
電気化学的手法 3
電気伝導度の測定 3

等電点 69
銅版画 83
ドナー数 115, 118
トリオクチルホスフィンオキシ
　ド 107

ナ　行

ナトロン湖 43
苦味 37
二次的な錯形成 108

ニュートン 54
　──と贋金づくり 6
尿管結石症 13

熱力学的濃度 3, 80
ネルンスト 2
粘土鉱物 20

ハ　行

バイオミネラル 125
灰座 32
ハザードマップ 71
ハードな酸・塩基 121
ハーバー 4
パーマ液 34, 36
パームチット 98
パンとサーカス 14
斑糲岩 16, 18

ピアソンの酸・塩基理論 121
非解離性溶媒 89
美人の湯 22
非水溶媒系 89
非水溶媒滴定法 76
ビトレックス 73
非プロトン性の溶媒 89, 92
ヒューウェル 45
標準重水素電極 47
標準水素電極 47
漂布土 21

ファラデー 45, 46
ファントホッフ 46
不活性溶媒 89
腐蝕性 29
ブタキロシド 73
不凍液 42
ブライン 41
プリーストリー 1
プリンキピア 54
フルオロアンチモン酸 85
フルオロスルホン酸 82
ブレンステッド酸点 98

ブレンステッドの酸・塩基 57, 85, 87, 90, 92, 97
フロギストン 24
フロート 94
　──のダイアグラム 71
プロトン 57
プロトンNMR 111
プロトン移動性溶媒 89
ブンゲ 12
分子構造論 104
分析化学データブック 71

ペイローヌ塩 104
ベッヒャー 24
ベロナール 66
ヘンダーソン-ハッセルバルクの式 63, 66
ベントナイト 20
ヘンリー 1

蓬莱みかげ 19
北投石 10
没食子酸 37

マ　行

マテオ・リッチ 83
魔法酸 82
マリケンの電気陰性度 127
マンハッタンプロジェクト 107

水のイオン積 46

メチルイソブチルケトン 107

森　浩一 113

ヤ　行

山田静之 74

遊離炭酸 63

陽イオン交換樹脂 97

与話情浮名横櫛 33

ラ　行

ライエイトイオン 76
ライオニウムイオン 76
ライセット塩 104
ラ・ヴェスパジェンヌ 15
ラヴォアジェ 1, 24
ラブラドル効果 18
ラブラドル長石 18
ラーメン博物館 51
ランタニドシフト試薬 111

リービッヒ 25, 46
流紋岩 16
両性イオン 69
令義解 28
リン酸トリブチル 107

ルイスの酸・塩基 85, 87, 95, 100
ルイスの酸点 98
ルックス-フロートの酸・塩基 94
ルブラン 38
ルブラン法 38, 39

レオミュール 54

ワ　行

ワディ・ナトルーン 31
ワラビ 73

欧　文

AN 115
CANDU原子炉 47
DN 115, 118
HSAB理論 121, 128
MIBK 107
pH 3, 49
TBP 107, 108
TOPO 107

著者略歴

山崎 昶（やまさき あきら）

1937年 関東州大連市に生まれる
1960年 東京大学理学部化学科卒業
1965年 東京大学大学院理学系研究科博士課程修了 理学博士
     東京大学理学部助手，電気通信大学助教授を経て
2003年まで日本赤十字看護大学教授

やさしい化学30講シリーズ3
酸と塩基30講

2014年3月15日 初版第1刷

　　　　　　　　　　　　　　　　　　　定価はカバーに表示

著　者　山　崎　　　昶
発行者　朝　倉　邦　造
発行所　株式会社 朝倉書店
　　　　東京都新宿区新小川町6-29
　　　　郵便番号　162-8707
　　　　電話　03（3260）0141
　　　　FAX　03（3260）0180
　　　　http://www.asakura.co.jp

〈検印省略〉

© 2014〈無断複写・転載を禁ず〉　　　新日本印刷・渡辺製本

ISBN 978-4-254-14673-8　C 3343　　　Printed in Japan

JCOPY　〈(社)出版者著作権管理機構　委託出版物〉

本書の無断複写は著作権法上での例外を除き禁じられています．複写される場合は，そのつど事前に，(社)出版者著作権管理機構（電話 03-3513-6969, FAX 03-3513-6979, e-mail: info@jcopy.or.jp）の許諾を得てください．

前お茶の水大 太田次郎総監修
前日赤看護大 山崎 昶編訳

カラー図説 理 科 の 辞 典

10225-3 C3540　　　A 4変判 260頁 本体5600円

理科全般にわたる基本用語約3000を1冊にまとめた辞典。好評シリーズ「図説 科学の百科事典」の「用語解説」の再編集版。物理・化学・生物・地学という高校レベルの理科基本科目から、生態学・遺伝といった分野までの用語を50音順で収録。関連図版も付す。これから理科を本格的に学ぼうという高校生の学習にも有用なコンパクトな辞典。教員やサイエンスコミュニケーターなど、広く理科教育にかかわる人々や、学校図書館・自然系博物館などの施設に必備の1冊。

前日赤看護大 山崎 昶監訳
森 幸恵・お茶の水大 宮本惠子訳

ペンギン 化 学 辞 典

14081-1 C3543　　　A 5判 664頁 本体6700円

定評あるペンギンの辞典シリーズの一冊"Chemistry(Third Edition)"(2003年)の完訳版。サイエンス系のすべての学生だけでなく、日常業務で化学用語に出会う社会人(翻訳家、特許関連者など)に理想的な情報源を供する。近年の生化学や固体化学、物理学の進展も反映。包括的かつコンパクトに8600項目を収録。特色は①全分野(原子吸光分析から両性イオンまで)を網羅、②元素、化合物その他の物質の簡潔な記載、③重要なプロセスも収載、④巻末に農薬一覧など付録を収録。

前東大 渡辺 正・久村典子訳

痛 快 化 学 史

10201-7 C3040　　　A 5判 352頁 本体6800円

化学の源にあった実用科学・医術・魔術などの世界から、化学が近代的なサイエンスに進化していった道のりを、オリジナル図版と分かりやすい「超訳」解説でたどる。科学に興味をもつ一般の方々にも、おもしろくて役に立つ情報源!

前日赤看護大 山崎 昶監訳 宮本惠子訳
図説科学の百科事典4

化 学 の 世 界

10624-4 C3340　　　A 4変判 180頁 本体6500円

現代の日常生活に身近な化学の基礎知識を、さまざまなトピックをとおしてわかりやすく解説する。〔内容〕原子と分子/化学反応/有機化学/ポリマーとプラスチック/生命の化学/化学と色/化学分析/化学用語解説・資料

東京理科大学サイエンス夢工房編

楽 し む 化 学 実 験

14061-3 C3043　　　B 5判 176頁 本体3200円

実験って楽しい!身の回りのいろいろな物質の性質がみるみるうちにわかっていく。愉快な漫画付〔内容〕水と水と水蒸気/気体は自由自在/感動の炎─炎色反応/溶解七変化/電池を作ろう/チョークを速く溶かすには/酸性雨/タンパク質/他

前名工大 津田孝雄編著 名工大 荒木修喜・
東海医療科学専門校 廣浦 学著

医療・薬学系のための 基 礎 化 学

14091-0 C3043　　　A 5判 176頁 本体2400円

臨床工学技士を目指す学生のために必要な化学を基礎からやさしく、わかりやすく解説した。〔内容〕身近な化学/原子と分子/有機化学/無機化学/熱力学/原子の構造/α, β, γ線の発生/付録:臨床工学技士国家試験問題抜粋/他

前日赤看護大 山崎 昶著
やさしい化学30講シリーズ1

溶 液 と 濃 度 30 講

14671-4 C3343　　　A 5判 176頁 本体2600円

化学、生命系学科において、今までわかりにくかったことが、本シリーズで納得・理解できる。〔内容〕溶液とは濃度とは/いろいろな濃度表現/モル、当量とは/溶液の調整/水素イオン濃度, pH/酸とアルカリ/Tea Time/他

前日赤看護大 山崎 昶著
やさしい化学30講シリーズ2

酸 化 と 還 元 30 講

14672-1 C3343　　　A 5判 164頁 本体2600円

大学でつまずきやすい化学の基礎をやさしく解説。各講末には楽しいコラムも掲載。〔内容〕「酸化」「還元」とは何か/電子のやりとり/酸化還元滴定/身近な酸化剤・還元剤/工業・化学・生命分野における酸化・還元反応/Tea Time/他

上記価格(税別)は2014年2月現在